全彩版

和秋叶一起学 秒懂Word

秋叶 刘晓阳 ◎ 编著

人民邮电出版社
北京

图书在版编目（CIP）数据

和秋叶一起学．秒懂Word：全彩版／秋叶，刘晓阳编著．-- 北京：人民邮电出版社，2021.11
ISBN 978-7-115-57051-2

Ⅰ．①和… Ⅱ．①秋… ②刘… Ⅲ．①文字处理系统 Ⅳ．①TP391

中国版本图书馆CIP数据核字(2021)第159154号

内 容 提 要

如何从 Word 新手成长为 Word 高手，快速解决职场中各种各样的文档操作难题，就是本书所要讲述的内容。

本书收录了生活和工作场景中的 113 个实用 Word 技巧，每个技巧都配有清晰的使用场景说明、详细的图文操作说明及配套练习与动画演示，能够全方位展示 Word 软件的各项功能操作，帮助读者结合实际应用，高效使用软件，快速解决问题。

本书充分考虑初学者的知识水平，语言通俗易懂，内容从易到难，能让初学者轻松理解各个知识点，快速掌握职场必备技能。本书大部分案例来源于真实职场，职场新人系统地阅读本书，可以节约在网络上搜索答案的时间，提高工作效率。

◆ 编　著　秋　叶　刘晓阳
责任编辑　李永涛
责任印制　王　郁　彭志环

◆ 人民邮电出版社出版发行　北京市丰台区成寿寺路 11 号
邮编　100164　电子邮件　315@ptpress.com.cn
网址　https://www.ptpress.com.cn
涿州市般润文化传播有限公司印刷

◆ 开本：880×1230　1/32
印张：5.875　2021 年 11 月第 1 版
字数：159 千字　2025 年 7 月河北第 26 次印刷

定价：49.90 元

读者服务热线：(010)81055410　印装质量热线：(010)81055316
反盗版热线：(010)81055315

目 录
CONTENTS

第 12 章 Word 高效办公技巧 / 152

和秋叶一起学

秒懂Word

绪论

这是一本适合“碎片化”学习的职场技能图书。

市面上大多数的职场类书籍，内容偏学术化，不太适合职场新人“碎片化”阅读。对于急需提高职场技能的职场新人而言，并没有很多的“整块”时间去阅读、思考、记笔记，他们更需要的是可以随用随查、快速解决问题的“字典型”办公技能书。

为了满足职场新人的办公需求，我们编写了本书，对职场人关心的痛点问题一一解答。希望能让读者无须投入过多的时间去思考、理解，翻开书就可以快速查阅，及时解决工作中遇到的问题，真正做到“秒懂”。

本书具有“开本小、内容新、效果好”的特点，紧紧围绕“让工作变得轻松高效”这一编写宗旨，根据职场新人Word办公应用的“刚需”设计内容。本书在提供解决方案的同时还做到了全面体现软件的主要功能和技巧，让读者在解决问题的过程中，不仅知其然，还知其所以然。

本书在撰写时遵循以下两个原则。

（1）内容实用。为了保证内容的实用性，书中所列的技巧大多来源于真实的需求场景，汇集了职场新人最为关心的问题。同时，为了让本书更实用，我们还查阅了抖音、快手上的各种热点技巧，并择要收录。

（2）查阅方便。为了方便读者查阅，我们将收录的技巧分类整理，并以问答形式设计目录标题，既体现了知识点，又体现了其应用场景，使读者在看到标题的一瞬间就知道对应的知识点可以解决什么问题。

我们希望本书能够满足读者的“碎片化”学习需求，帮助读者及时解决工作中遇到的问题。

做一套图书就是打磨一套好的产品。希望秋叶系列图书能得到读者发自内心的喜爱及口碑推荐。

我们将精益求精，与读者一起进步。

最后，我们还为读者准备了一份惊喜！

使用微信扫描下方二维码，关注公众号并回复“秒懂Word”，可以免费领取我们为本书读者量身定制的超值大礼包：

112个配套操作视频
113套实战练习案例文件
69套各行业合同模板
16套标准公文写作模板
100套精美多岗位简历模板
10套多岗位年终总结报告范文

还等什么，赶快扫码领取吧！

和秋叶一起学

秒懂Word

第1章 Word软件基础

Word 是职场人士常用的文档编辑与排版工具。“工欲善其事，必先利其器。”如果想要快速地进行文档编辑或文档排版，就必须先了解 Word 的基础操作。

扫码回复关键词“秒懂 Word”，下载配套操作视频

1.1 文档的创建与保存

本节内容包含办公软件的安装、文档的新建与保存等操作。对于还不熟悉 Word 软件的初学者来说，这些内容的学习效果会影响初学者对本书后续内容的理解，请务必认真研读。

01 如何下载正版的 Office 软件?

对于初学者来说，要学习使用一款软件，首先需要在网络上下载软件。

网络上的资源鱼龙混杂，不要下载带有病毒的资源，我们要如何下载安全的软件安装包呢?

1 在百度网中搜索“MSDN，我告诉你”，打开名为“MSDN，我告诉你”的网站。

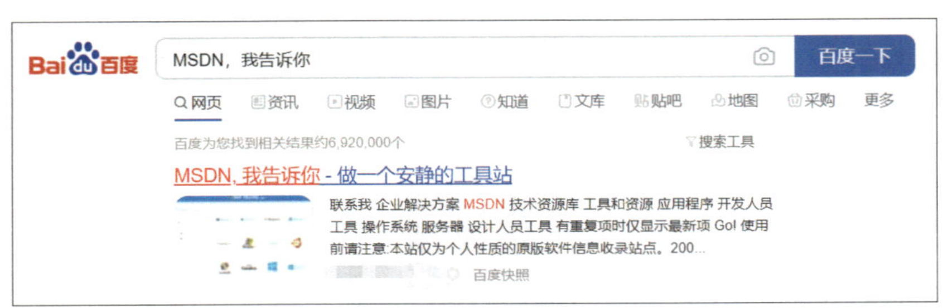

2 单击网站左侧导航栏中的【应用程序】，在列表中找到【Office 2019】。

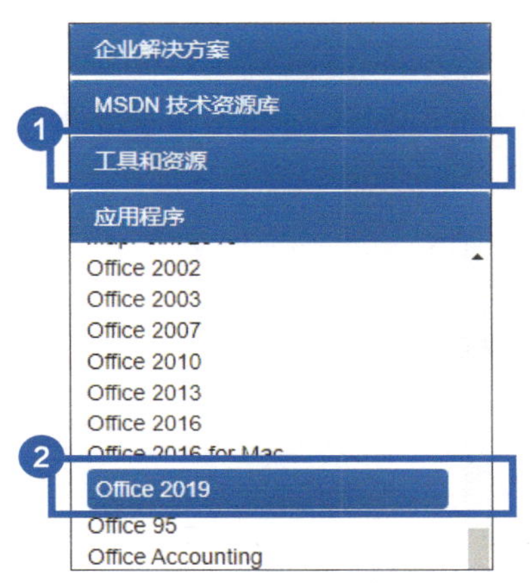

3 在右侧条目中选择【中文 – 简体】，单击右侧的【详细信息】即可看到安装包的详细说明。

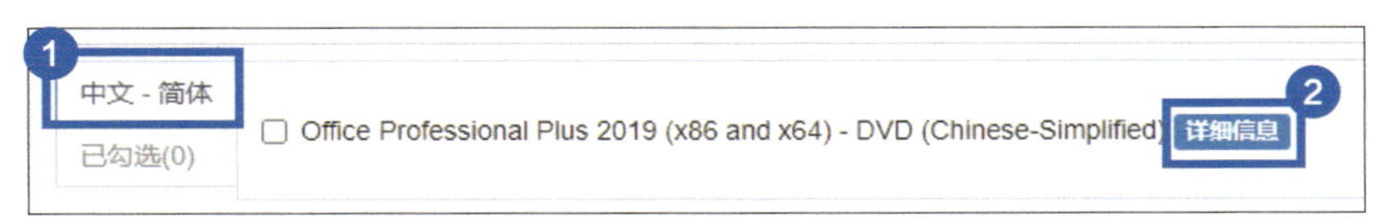

4 复制 ed2k 开头的链接，粘贴到迅雷等支持磁力下载的下载工具中下载软件。

文件名	cn_office_professional_plus_2019_x86_x64_dvd_5e5be643.iso
SHA1	d850365b23e1e1294112a51105a2892b2bd88eb9
文件大小	3.52GB
发布时间	2018-10-03

5 Windows 10 系统用户双击打开下载得到的 ISO 镜像文件，即可打开压缩包。Windows 7 系统用户需要安装支持 ISO 格式的解压缩软件，如 Bandizip 等，才能打开。打开压缩包后，双击名为“setup.exe”的应用程序，按照提示进行软件的安装。

注意

本技巧仅教大家免费下载与安装正版软件，不包括软件激活。

02 如何快速搜索软件内置模板？

遇到陌生的文档编辑任务，我们可能会先想到从网络上搜索可以直接使用的文档模板。其实，Word 软件内置了丰富的模板库，可以快速查找需要的文档模板。

打开 Word 软件后，在软件窗口中选择【新建】，然后在【新建】界面的搜索框中输入对应的模板关键词进行搜索，软件就会自动搜索相关的模板。

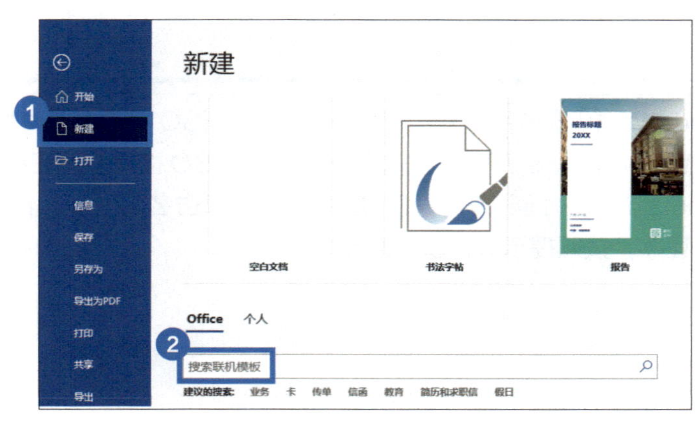

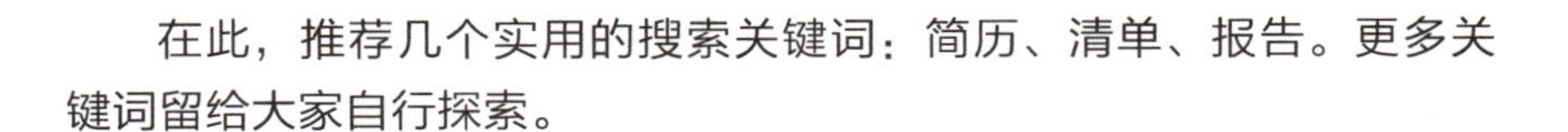

在此，推荐几个实用的搜索关键词：简历、清单、报告。更多关键词留给大家自行探索。

03 如何快速找到优质的模板？

如果 Word 软件内置模板库无法满足我们的模板需求，也可以到“OfficePLUS”网站去寻找合适的模板。

“OfficePLUS”是微软中国官方推出的免费Office模板下载网站。在这个网站查找模板的步骤如下。

1 在百度网中搜索并打开名为“OfficePLUS”的网站。

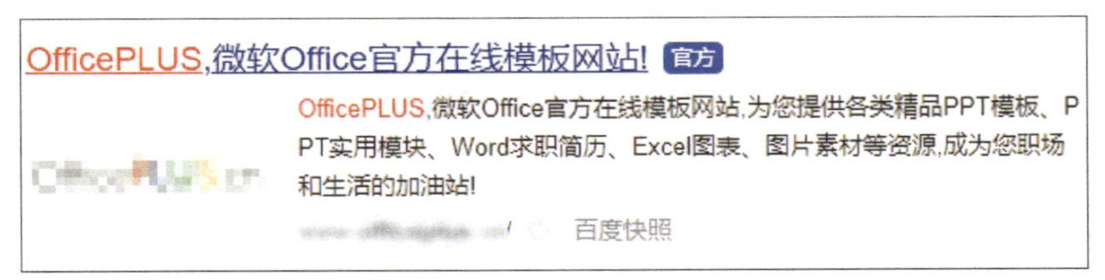

2 将鼠标指针移动到网站导航栏的“Word 文档”处，在弹出的模板分类菜单中选择需要的类别，即可进入对应的模板页面中。

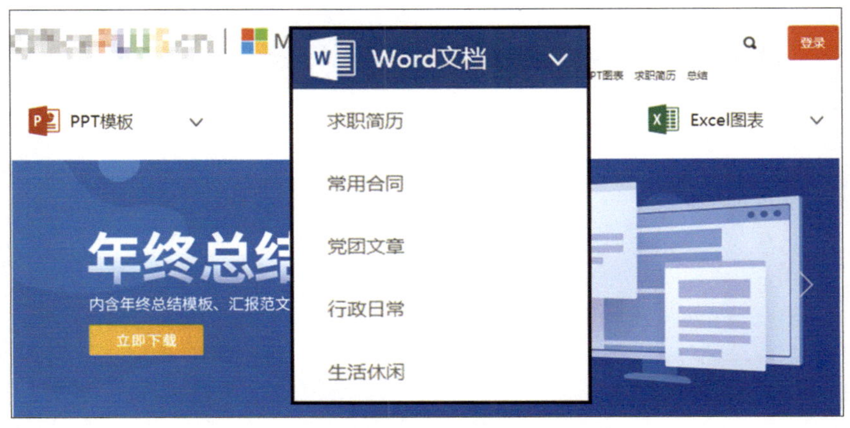

3 找到合适的文档模板，单击模板右下角的【下载】按钮即可下载模板。

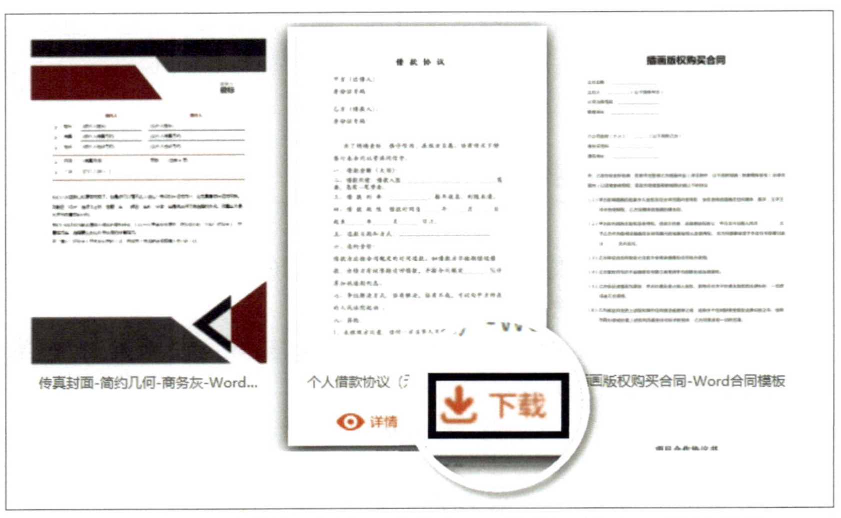

除了 Word 文档模板之外，我们还可以从网站上下载精美的 PPT 模板和实用的 Excel 模板。

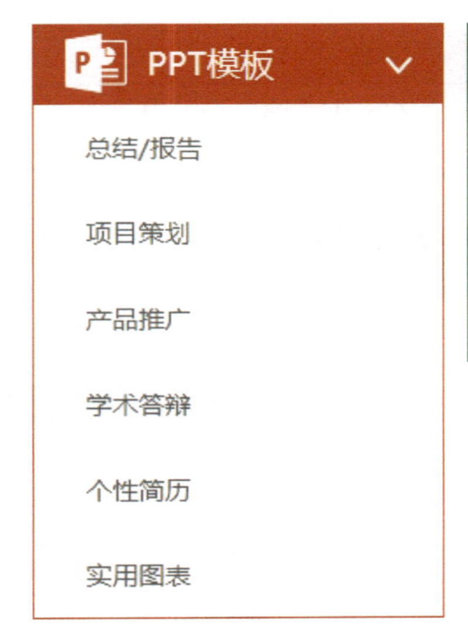

04 如何把 Word 文档保存为 PDF 格式?

将制作精美的 Word 文档发送到别人的计算机上，可能会因为对方的计算机中没有安装相应的字体或使用的软件版本不同出现文档版式错乱。想要避免出现这种问题，只需把编辑好的 Word 文档转为 PDF 格式保存即可。

1 在打开的 Word 文档中，选择【文件】-【另存为】命令。

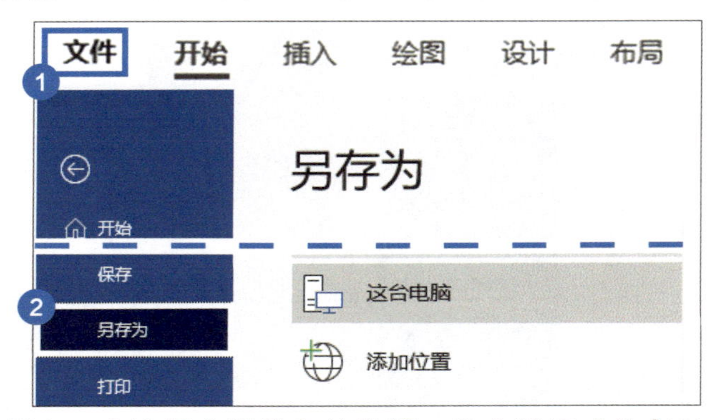

2 在右侧窗口中选择合适的存放位置，将文档格式从【Word 文档(*.docx)】更改为【PDF(*.pdf)】，单击【保存】按钮即可。

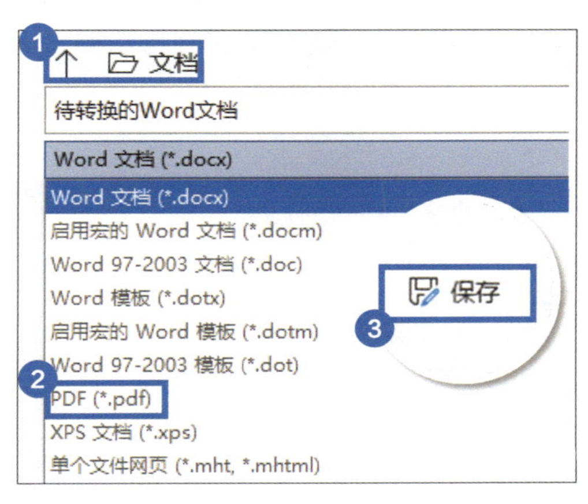

05 总是忘记保存，如何调整文档的自动保存时间？

在工作中，最让人懊恼的莫过于，花了很长时间编写的文档，却由于突然停电、Word 软件突然崩溃或其他突发事故而丢失了。为了避免这种损失，我们可以在 Word 软件里调整文档的自动保存时间，以最大程度上保护我们的工作成果。

1 打开 Word 软件后，选择【文件】-【选项】命令。

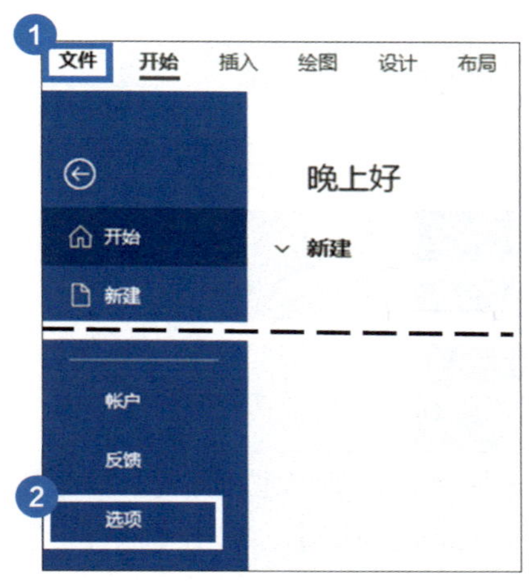

2 在弹出的【Word 选项】对话框左侧将栏目切换到【保存】，在右侧的界面中更改【保存自动恢复信息时间间隔】的数值。

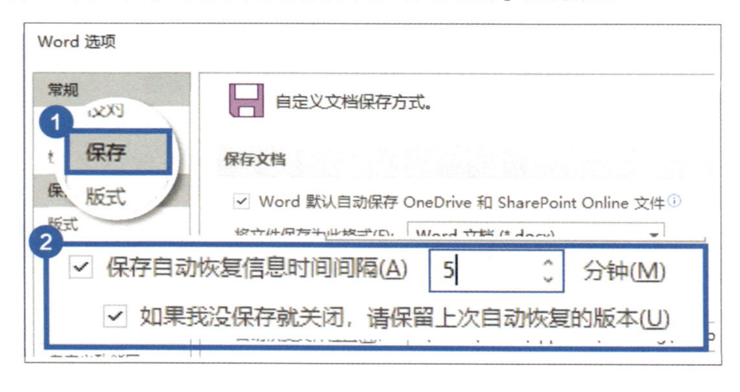

过短的自动恢复时间可能会导致软件崩溃，因此建议将时间间隔设置为 5 分钟。

1.2 文档的快捷操作

想要在效率上领先其他人，除了熟能生巧之外，Word 软件中还有许多实用的快捷操作能够帮助我们提高文档处理速度。本节将介绍一些常用的快捷操作技巧。

01 操作失误，如何撤销之前的操作？

在 Word 软件中出现操作失误时，只需按快捷组合键【Ctrl+Z】即可解决。

【Ctrl+Z】是 Office 软件中一个通用的撤销上一步操作的快捷组合键。我们也可以在 Word 软件的快速访问工具栏中找到撤销操作的按钮。

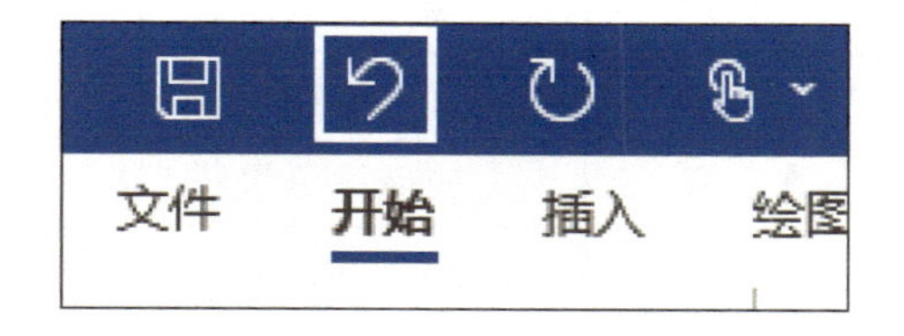

02 忘带鼠标，如何利用【Alt】键提高工作效率？

在 Office 中，【Alt】键是一个隐藏的万能快捷键搭配者。通过【Alt】键，我们可以只用键盘就能使用软件中的很多功能。具体操作步骤如下。

1 打开 Word 软件，按【Alt】键，软件窗口中的菜单栏上即会出现英文字母提示。

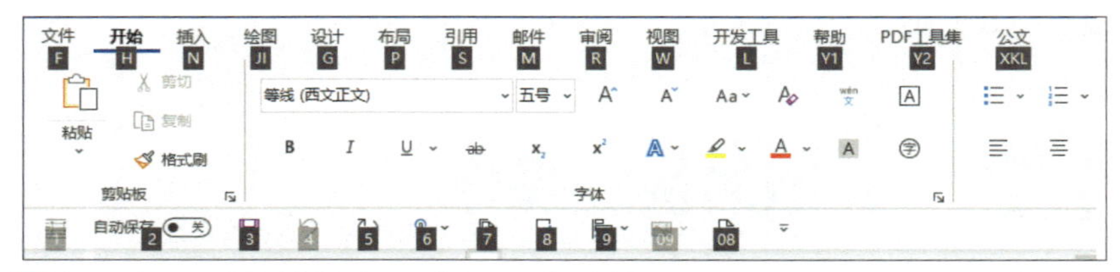

2 如果想通过快捷键调用【插入】菜单，则可以按照提示按键盘上的【N】键，软件就会自动切换到【插入】选项卡，同时【插入】选项卡的功能区中的各个功能按钮上也都出现了英文字母提示。

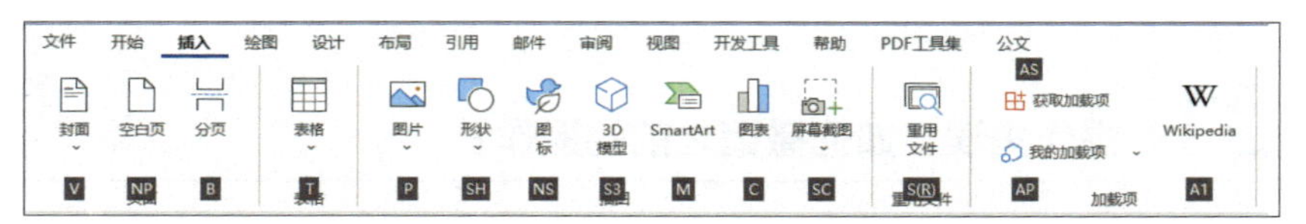

3 根据提示按键盘上相应的字母按键，就可以进行相应功能的操作。

以上就是【Alt】键最经典的用法，不用鼠标点选，以【Alt】键为入口就能使用Word软件中的很多功能。

除此之外，【Ctrl】键搭配【Alt】键后还能产生新的功能，如下表所示。

Ctrl+Alt+C	快速插入版权符号 ©
Ctrl+Alt+V	打开选择性粘贴
Ctrl+Alt+R	快速插入注册商标 ®
Ctrl+Alt+F	快速插入脚注
Ctrl+Alt+D	快速插入尾注
Ctrl+Alt+Z	循环查看前四次修改

03 如何快速启动日常办公使用的功能?

在文档编辑过程中往往需要用到不同选项卡下的功能，对于常用的功能按钮，我们可以把它们加入快速访问工具栏中。

快速访问工具栏一般位于 Word 功能区的上方或菜单栏下方。

快速访问工具栏的位置可以通过单击其最右侧的下拉按钮，选择【在功能区下方显示】命令进行调整。

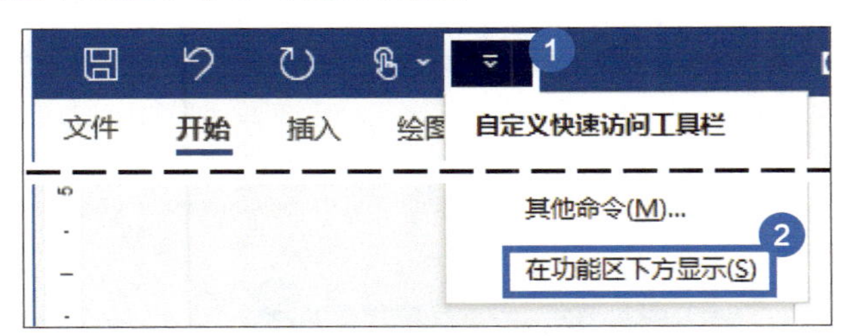

将常用功能添加到快速访问工具栏一般有两种方法。

方法 1：右键单击添加

右键单击功能区中的功能按钮，在弹出的菜单中选择【添加到快速访问工具栏】命令。

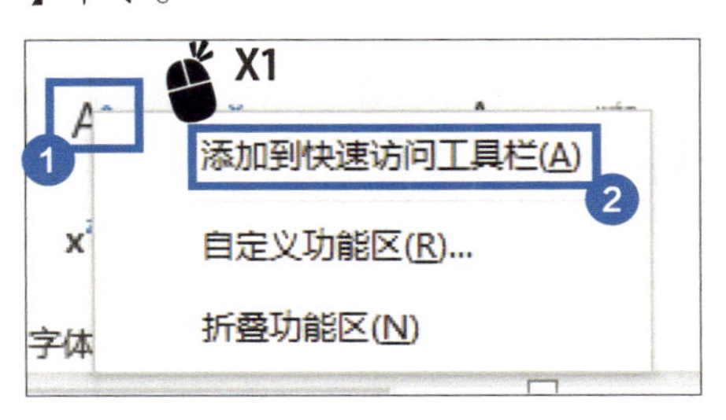

方法 2：通过 Word 选项添加

1 单击快速访问工具栏最右侧的下拉按钮，在菜单中选择【其他命令】命令，即可打开【自定义快速访问工具栏】面板。

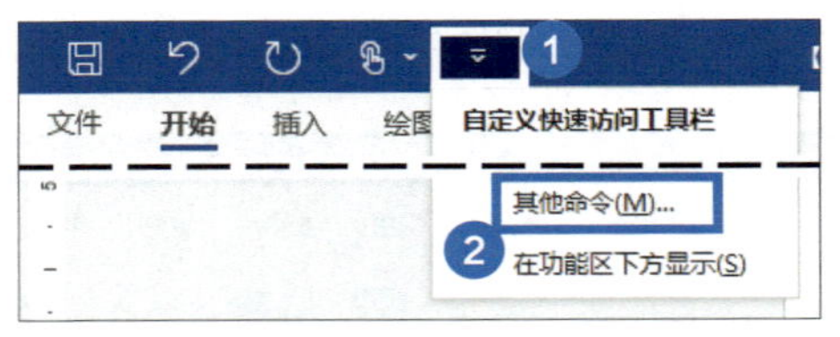

2 在右侧界面中单击【常用命令】，其下方列表会根据选择显示不同类别的命令。在下方命令列表中单击选中命令，单击【添加】按钮，可将选中的命令添加至右侧快速访问工具栏列表。最后单击【确定】按钮，关闭对话框并完成命令添加操作。

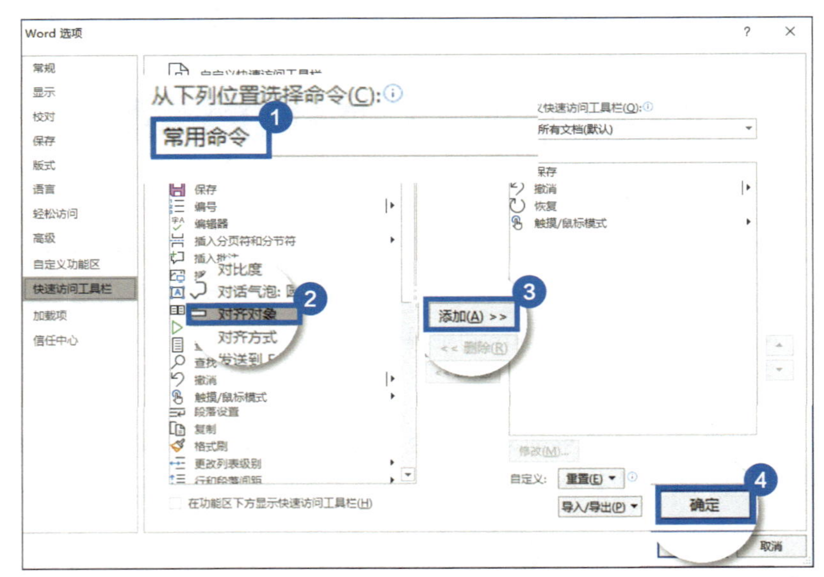

3 在【自定义快速访问工具栏】面板中，单击【重置】按钮，选择【仅重置快速访问工具栏】选项，即可将快速访问工具栏恢复为默认设置。

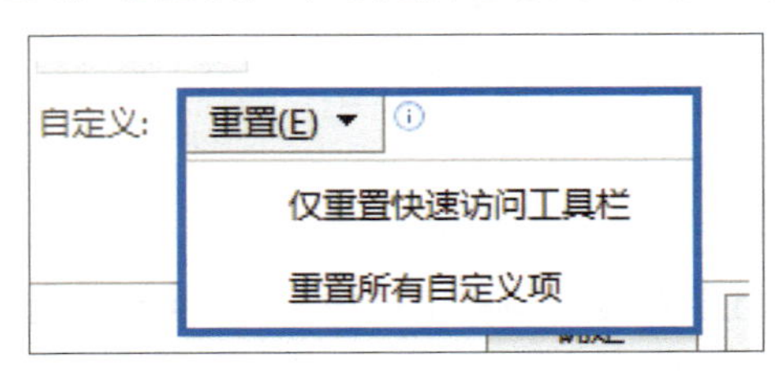

4 在【自定义快速访问工具栏】面板中，单击【导入 / 导出】按钮，可以选择将自己设置好的工具栏导出或导入他人的工具栏。

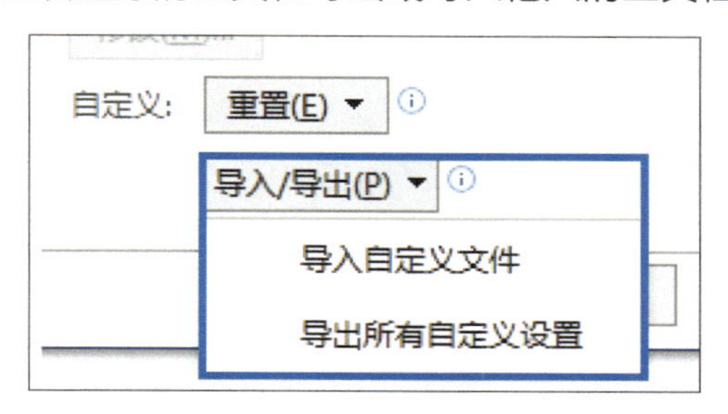

1.3 内容的选择定位

想要更好地对文档中的模块、元素进行编辑，必须先找到它才可以。如何精准高效地定位是本节的重点内容，大家一定要认真学习。

01 文档中图片太多，如何快速找到文档中的图片？

一份长文档中，里面往往会使用很多图片，如果想要快速跳转到每一张图片所在的位置，除了不断滚动鼠标滚轮外，还有一种方法可以帮助我们快速定位到目标图片。

1 在【开始】选项卡的功能区中单击【查找】图标。

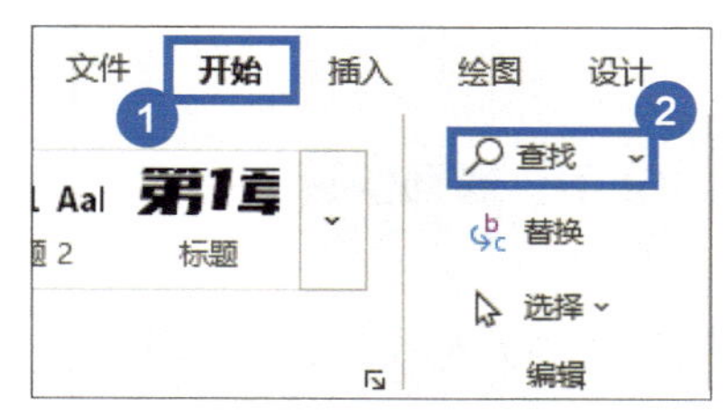

2 在左侧弹出的【导航】面板中，单击搜索框右侧的下拉按钮，选择【图形】选项。

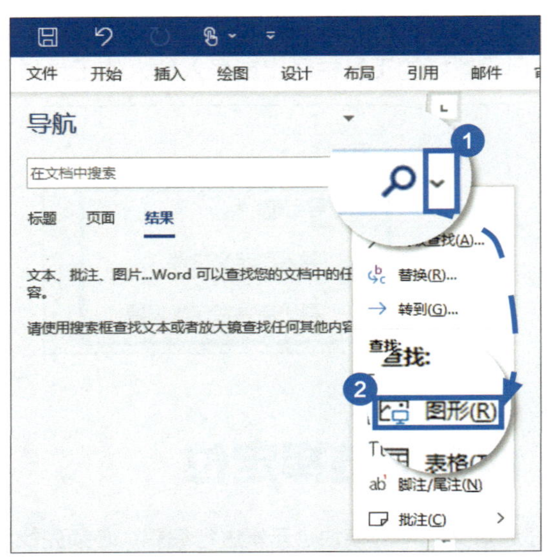

3 此时搜索框下方会显示搜索结果，单击结果旁的【∧】【∨】按钮，即可快速在图片结果间跳转。

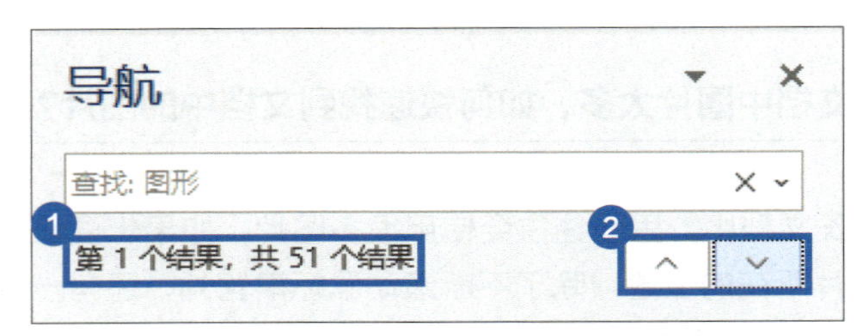

此方法除了可以快速查找图形外，还可以搜索表格、公式、脚注、尾注和批注。

02 拖曳选择太慢了，如何快速选中整个段落?

即使是不熟悉 Word 的人都知道，如果想选中整个段落，直接按住鼠标左键，从开头拖曳到结尾处就可以实现。其实 Word 中隐藏了不用拖曳就可以实现的操作。

技巧 1：将光标定位在段落中，单击鼠标左键三次，即可选中整个段落。

视频提供了功能强大的方法帮助您证明您的观点。当您单击联机视频时，可以在想要添加的视频的嵌入代码中进行粘贴。您也可以键入一个关键字以联机搜索最适合您的文档的视频。

技巧 2：双击鼠标左键可选中词语。

视频提供了功能强大的方法帮助您证明您的观点。当您单击联机视频时，可以在想要添加的视频的嵌入代码中进行粘贴。您也可以键入一个关键字以联机搜索最适合您的文档的视频。

技巧 3：按住【Ctrl】键 + 单击鼠标左键可选中完整句子。

视频提供了功能强大的方法帮助您证明您的观点。当您单击联机视频时，可以在想要添加的视频的嵌入代码中进行粘贴。您也可以键入一个关键字以联机搜索最适合您的文档的视频。

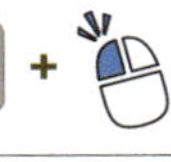

03 文字前缀太碍眼，如何竖向选中并删除？

手动编号无法自动更新，调整起来非常麻烦，而在 Word 中就有一种特殊的选择方式，可以竖向选中删除某些垂直方向的内容。

按住【Alt】键，将光标移动到内容前。按下鼠标左键后向右下角拖曳快速选中竖向内容，按【Delete】键即可删除内容。

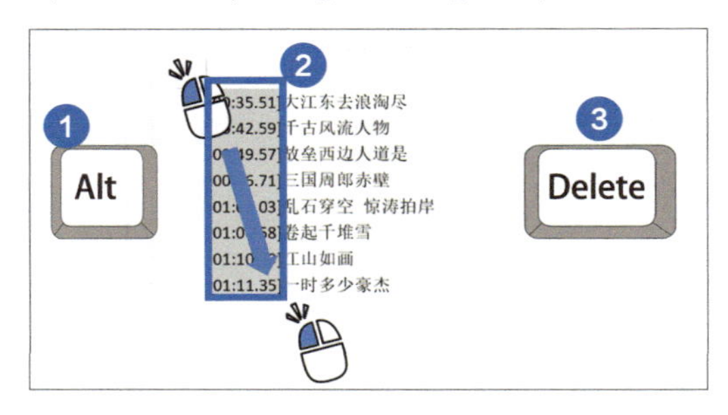

和秋叶一起学

秒懂Word

第 2 章

文档的页面设置

在利用 Word 进行文档排版的时候，文档的页面设置直接影响到文档的排版布局，所以在熟悉了 Word 软件的基础操作之后，需要重点学习页面设置。本章主要介绍两部分内容，一部分是页面布局的设置，另一部分是页面的个性化设置。

扫码回复关键词“秒懂 Word”，下载配套操作视频

2.1 页面布局设置

页面布局设置涉及文字方向、页边距、纸张方向、纸张大小等文字与纸张的参数，同时还包含排版效果的分栏、分节等设置。

01 文档尺寸不合适，如何调整纸张大小？

Word 文档默认的纸张大小是 A4，但不是所有的文档都要呈现在 A4 纸上。假如需要使用 A3 纸张放置图纸内容，该如何调整文档的纸张大小呢？

在【布局】选项卡的功能区中单击【纸张大小】图标，在弹出的菜单中找到并选择【A3】命令，即可完成纸张从 A4 尺寸到 A3 尺寸的修改。

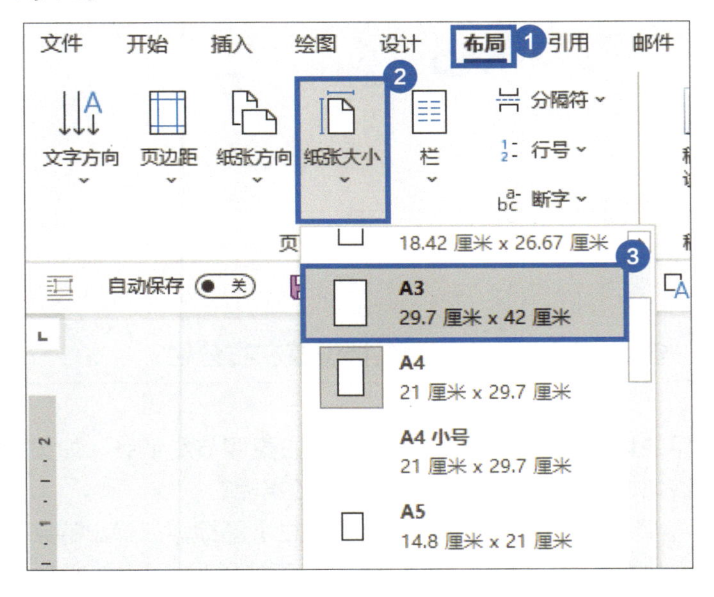

02 文档竖向无法展示完整，如何让文档页面横向显示?

文档中有时需要呈现横向的表格或图片，但是默认竖向的页面会无法完整显示，缩小图片尺寸只会让图片显示不清，其实在 Word 中是可以将页面方向更改为横向的。

在【布局】选项卡的功能区中单击【纸张方向】图标，在弹出的菜单中选择【横向】命令即可。

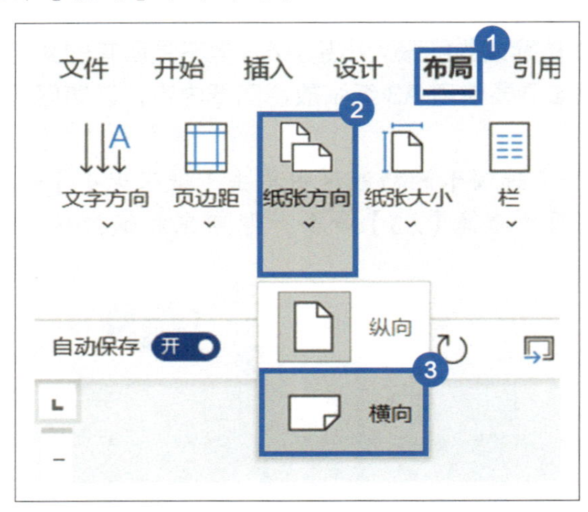

03 省纸又环保，如何为文档设置左右分栏?

常见的报纸、杂志的双栏排版看上去更能节约纸张。如果想节约纸张，该如何在 Word 中设置左右分栏效果呢?

1 在【布局】选项卡的功能区中单击【栏】图标，在弹出的菜单中选择合适的栏数即可。若预置的分栏效果达不到预期，可以选择【更多栏】命令。

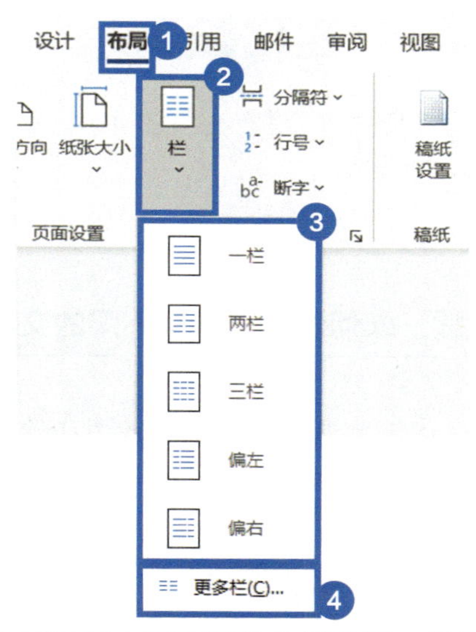

2 在弹出的【栏】对话框中手动调整分栏数量、栏间距及应用范围。

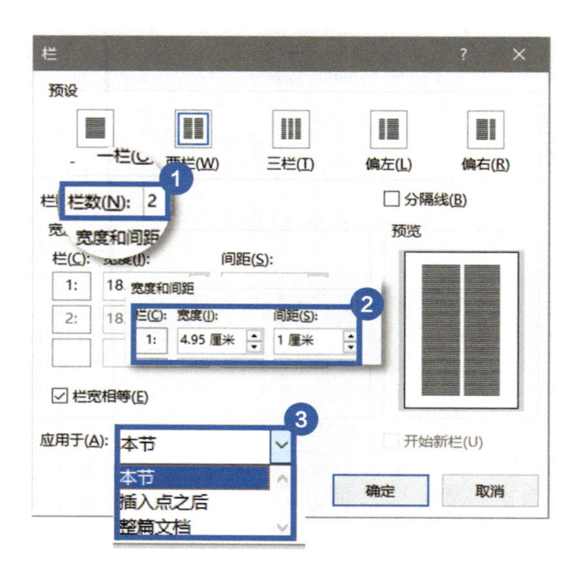

2.2 页面个性化设置

上一节针对页面布局的基本参数进行了讲解，本节将针对页面参数更为个性化的设计进行讲解。

01 高级防泄露，如何设置奇偶页不同的文本水印？

在制作文档时，可能会遇到文档的奇数页和偶数页要使用不同水印的需求，该如何满足该需求呢？

这里以在奇数页插入“机密”水印，在偶数页插入“紧急”水印为例。

1 在【设计】选项卡的功能区中单击【水印】图标，在弹出的菜单中选择【机密 1】命令。

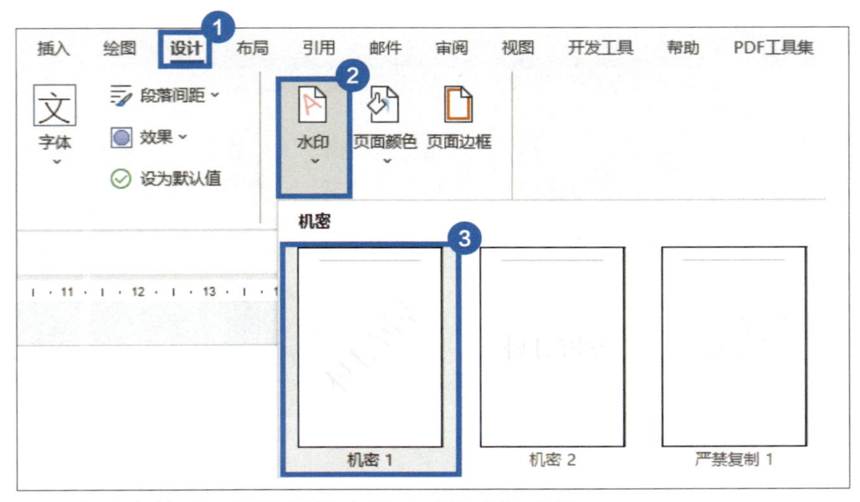

此时奇数页和偶数页都会显示“机密”水印。

2 双击奇数页的页眉，进入页眉编辑状态，在【页眉和页脚】选项卡的功能区中勾选【奇偶页不同】复选项。

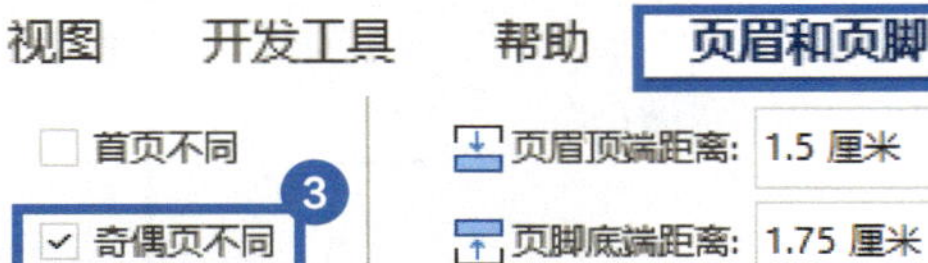

3 右键单击奇数页的水印，在弹出的菜单中选择【复制】命令。

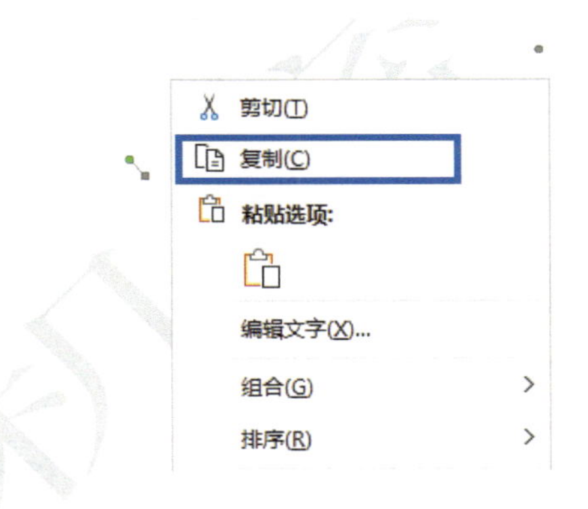

4 将光标定位到偶数页页眉，使用快捷组合键【Ctrl+V】粘贴水印。

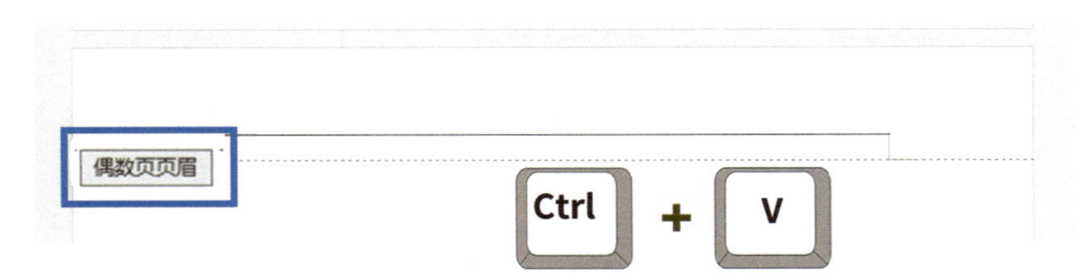

5 右键单击水印，从弹出的菜单中选择【编辑文字】命令，在打开的对话框中将水印文字修改为“紧急”，单击【确定】按钮。

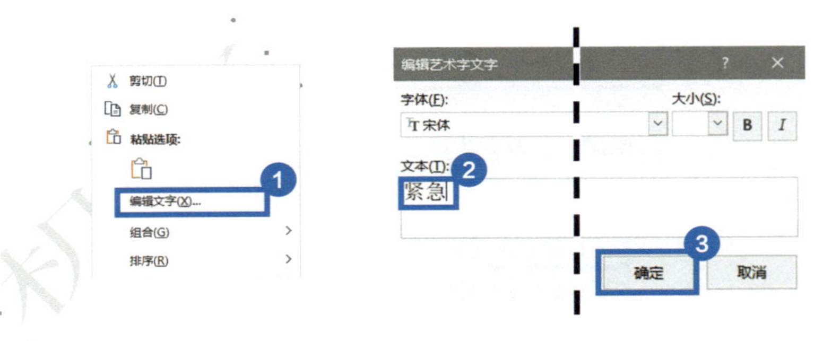

通过以上操作即可为奇偶页分别设置水印了。

02 如何用 Word 给文档制作封面?

项目策划书等长文档一般都会要求制作一个美观的封面，该如何快速地制作一份好看的封面呢?

在【插入】选项卡的功能区中单击【封面】图标，在弹出菜单中选择合适的封面，如【边线型】。

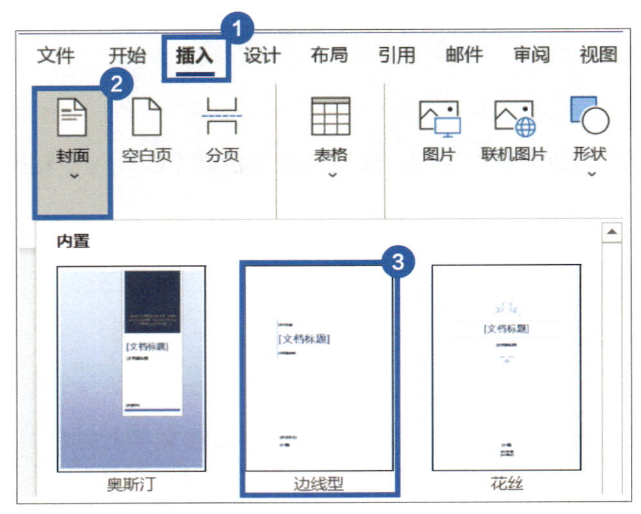

最后根据需要修改封面文本的内容。

和秋叶一起学

秒懂Word

第 3 章 文档内容输入

在完成页面布局设置之后，接下来就要进行文档内容的输入了。在文档排版中最为基本的元素就是文字，本章内容主要涉及文本类内容的输入及其相关的格式调整。

扫码回复关键词“秒懂 Word”，下载配套操作视频

3.1 文本的插入与调整

文本是文档排版的基本元素，文本内容的输入和文本格式的调整是本节的重点学习内容。

01 为什么在 Word 文档中输入一个字，后面的字会消失？

在编辑 Word 文档时，为什么打字好好的，却总是被吞字呢？怎么避免这种情况发生呢？

按键盘上的【Insert】键，即可将文本输入模式从吞字的【改写】模式更改为正常的【插入】模式。

Insert

02 计量单位的输入，如何实现数字的上下标？

在编辑 Word 文档时，如平方米（m^2）需要设置符号上标表示单位，那么如何设置上下标呢？

方法 1

1 在【开始】选项卡的功能区中单击【X_2（下标）】或【X^2（上标）】图标。

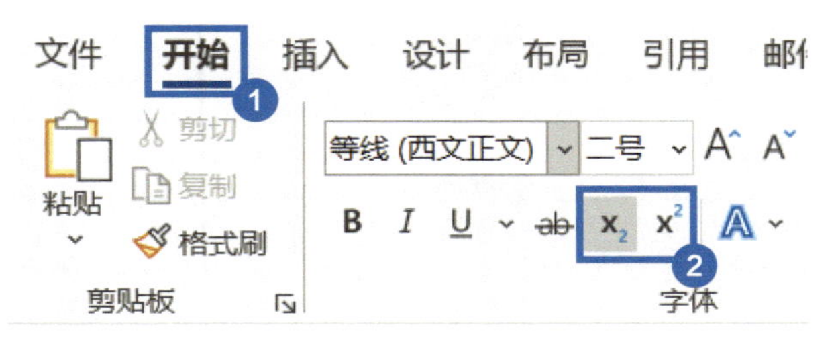

方法 2

2 选中需要加上标或下标的字符，使用快捷组合键【Ctrl + Shift +=】或【Ctrl +=】。

m^3 Ctrl + Shift + =

CO_2 Ctrl + =

03 有生僻字不认识，如何给文字添加拼音?

在编辑 Word 文档时，经常需要在文字上边标注汉语拼音，可以使用 Word 的拼音指南工具为文字自动添加汉语拼音。

1 选择需注音的文字，在【开始】选项卡的功能区中单击【拼音指南】图标。

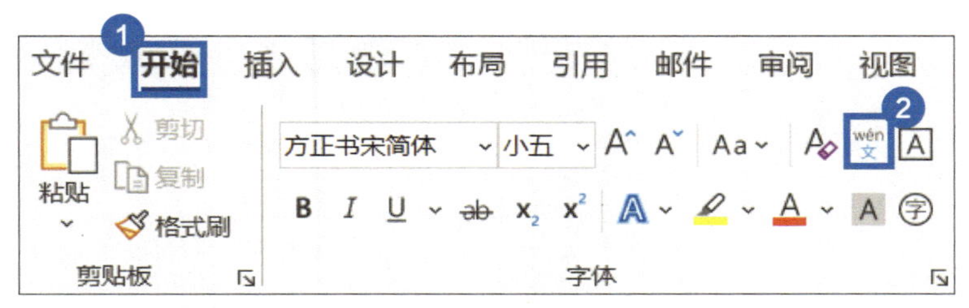

2 在弹出的【拼音指南】对话框中设置拼音的格式（如单字、词组等），单击【确定】按钮完成。

拼音指南

基准文字(B):	拼音文字(R):
饕	tāo
餮	tiè

对齐方式(L): 1-2-1　偏移量(O): 0 磅
字体(F): 等线　字号(S): 5 磅
预览
tāotiè
饕餮

组合(G)　单字(M)　清除读音(C)　默认读音(D)
确定　取消

04 输入英文和数字，间距突然变得很大怎么办？

在编辑 Word 文档时，输入数字的间距变得很大，如正常的效果是“123”，异常的效果是“１２３”，这时该如何恢复正常呢?

在【开始】选项卡的功能区中单击【Aa（更改大小写）】图标，在弹出的菜单中选择【半角】命令即可让间距恢复正常。

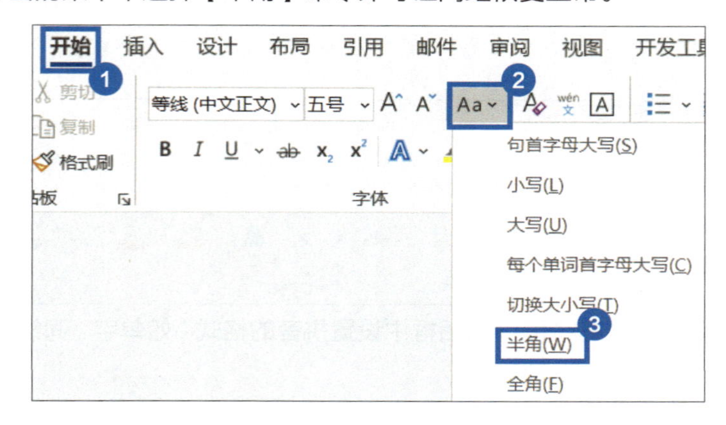

05 如何去掉 Word 文档中的红色波浪线?

在编辑 Word 文档时，时不时会冒出一些红色波浪线，目的是提醒我们被标记的地方可能存在语法错误，如何去掉这些红色波浪线呢?

1 打开 Word 软件后，选择【文件】-【选项】命令。

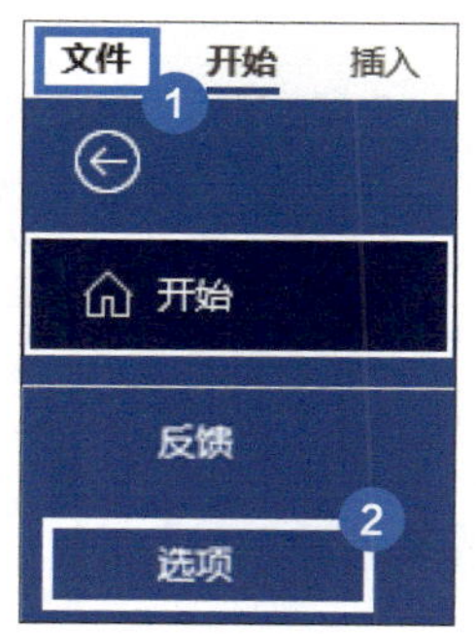

2 在【Word 选项】对话框左侧单击【校对】命令，并在右侧的【在 Word 中更正拼写和语法时】组中，取消勾选所有复选项，单击【确定】按钮即可去掉文档中的红色波浪线。

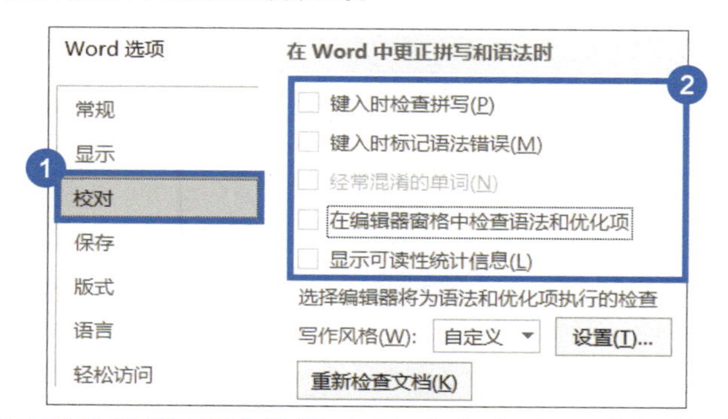

06 如何快速将阿拉伯数字改成中文大写金额的会计专用格式?

在编辑 Word 文档时，有时需要把阿拉伯数字改成中文大写金额，以便于阅读。此时该怎么修改呢?

1 选中待转换的阿拉伯数字后，在【插入】选项卡的功能区中单击【符号】组中的【编号】图标。

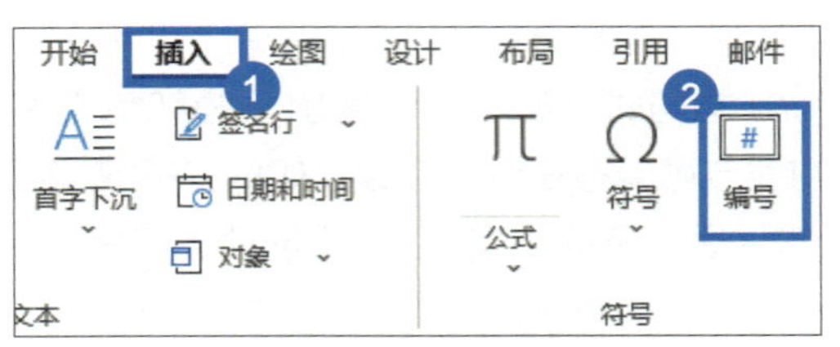

2 在【编号】对话框中向下拖动右侧的滑块，选择中文大写数字【壹，贰，叁 ...】命令，单击【确定】按钮即可将阿拉伯数字更改为中文大写数字。

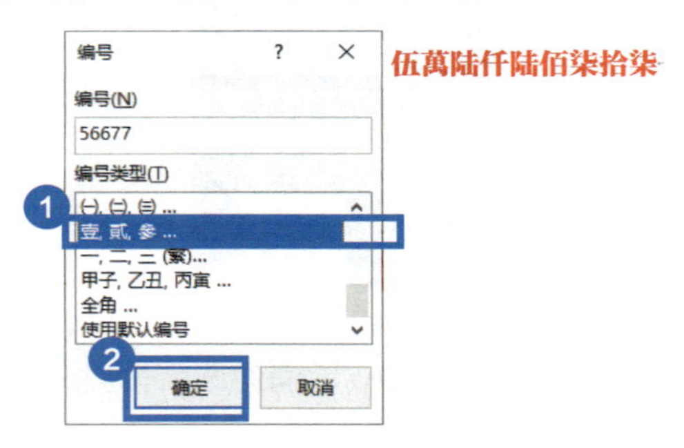

3.2 特殊内容的插入

Word 文档中除了可以录入基本的文本内容之外，还支持多种特殊内容的录入，如特殊符号、单击就可打钩打叉的方框，甚至连二维码都可以制作，本节就来教你如何实现。

01 制作问卷时，如何制作自动打钩的选择框？

在制作一些文档或填写一些表格时，需要用到在文字前面加入方框（用于打钩或打叉），这种方框是怎么实现的？

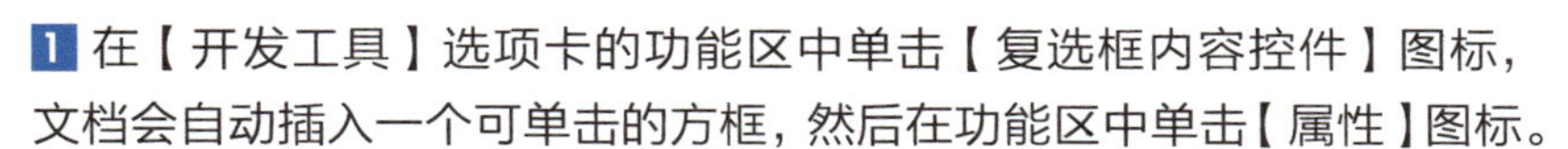

1 在【开发工具】选项卡的功能区中单击【复选框内容控件】图标，文档会自动插入一个可单击的方框，然后在功能区中单击【属性】图标。

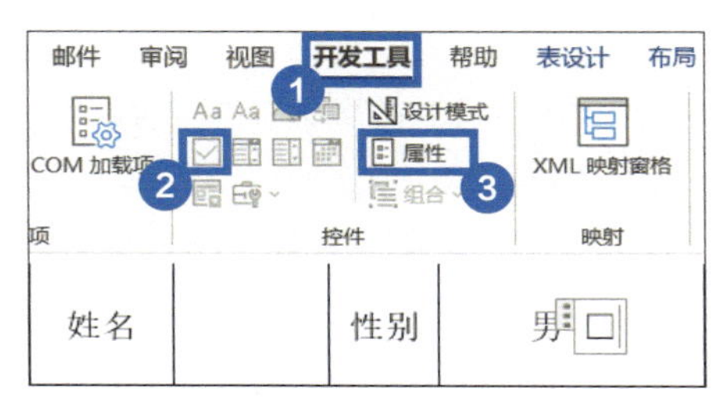

2 在【内容控件属性】对话框中，单击【复选框属性】组中【选中标记】后的【更改】按钮。

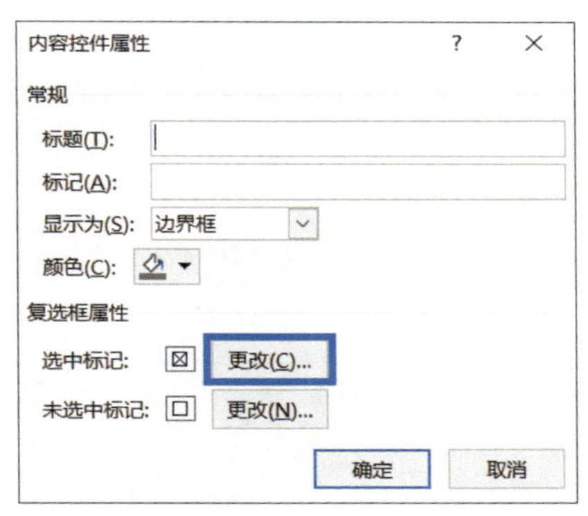

3 在弹出的【符号】对话框中修改【字体】为【Wingdings 2】字体，并在符号列表中选中相应的“☑”符号，单击【确定】按钮完成修改。

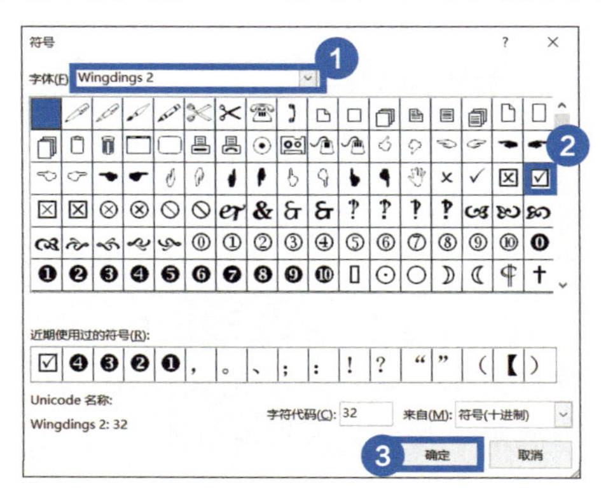

02 制作问卷时，如何设置下拉列表快速填充内容？

我们经常在 Excel 中使用下拉列表来输入数据，避免数据出错，在 Word 中也有一样的功能。

1 在【开发工具】选项卡的功能区中单击【下拉列表内容控件】图标。

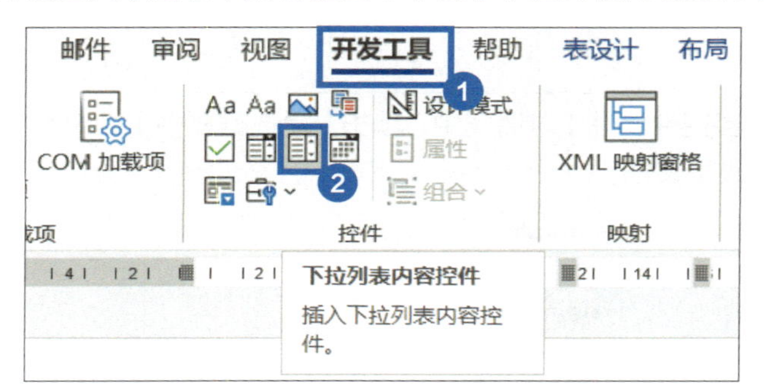

2 鼠标光标处会插入一个下拉列表内容控件，然后在功能区中单击【属性】图标。

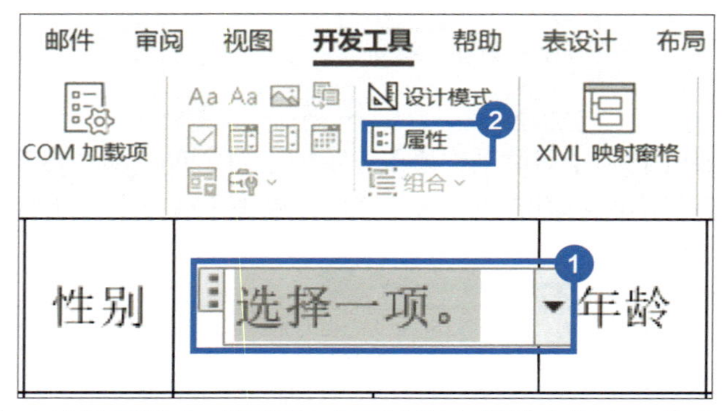

3 在【内容控件属性】对话框的【下拉列表属性】组中，单击【添加】按钮。在弹出的【添加选项】对话框的【显示名称】输入框里输入下拉列表中的内容，单击【确定】按钮关闭对话框。

重复上述操作直至所有选项添加完成，最后单击【内容控件属性】对话框中的【确定】按钮完成所有设置。

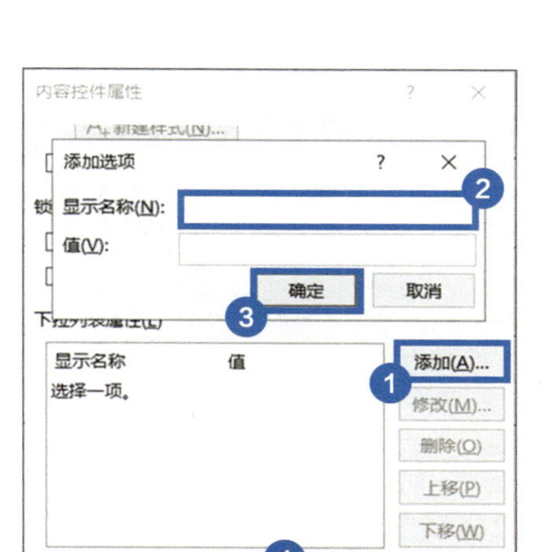

03 制作试卷时，如何输入复杂的数学公式?

写试卷、论文时往往需要输入一些公式，会涉及输入法中没有的符号，如何输入这些公式呢?

将光标定位在需要输入公式的位置，在【插入】选项卡的功能区中单击【π 公式】图标，在弹出的菜单中选择公式即可。

如果需要手动输入公式，可以选择【插入新公式】，然后在公式编辑器中输入公式。这里以自由落体公式为例。

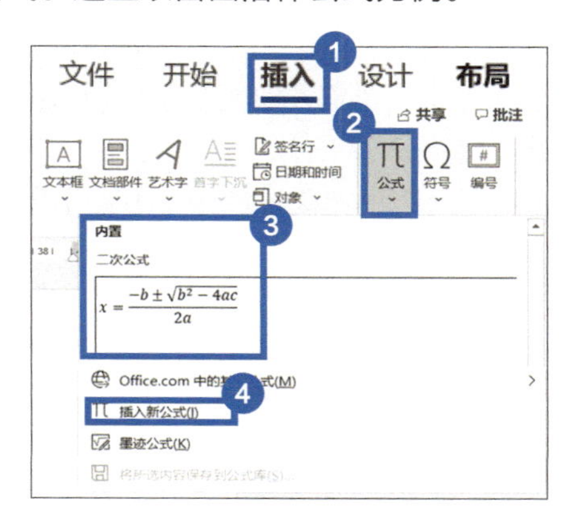

1 在公式输入框中输入“h=”；在【公式】选项卡的功能区中选择【分式】-【分式（竖式）】命令，在上下两个框中分别输入 1 和 2 并按方向键【→】。

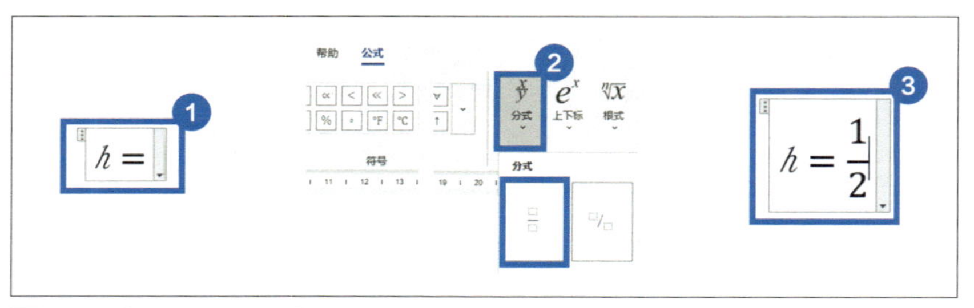

2 选择【上下标】-【上标】命令，在第一个框中输入“gt”，在第二个框中输入“2”。

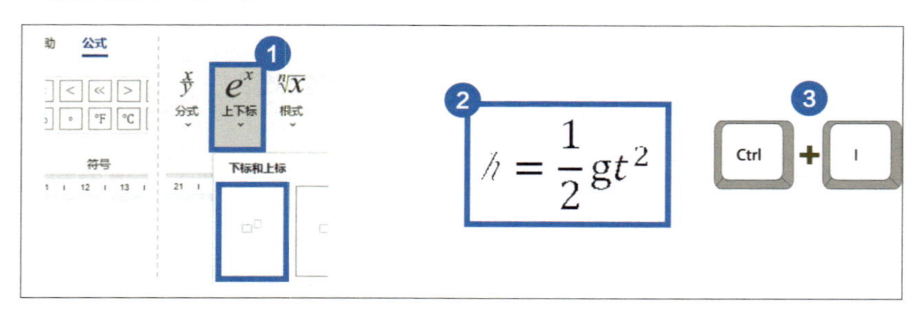

04 制作公司介绍时，如何制作复杂的组织结构图？

制作公司介绍的时候，经常需要绘制公司的组织结构图，部门太多，如何快速绘制组织结构图呢？

1 在【插入】选项卡的功能区中单击【SmartArt】图标。

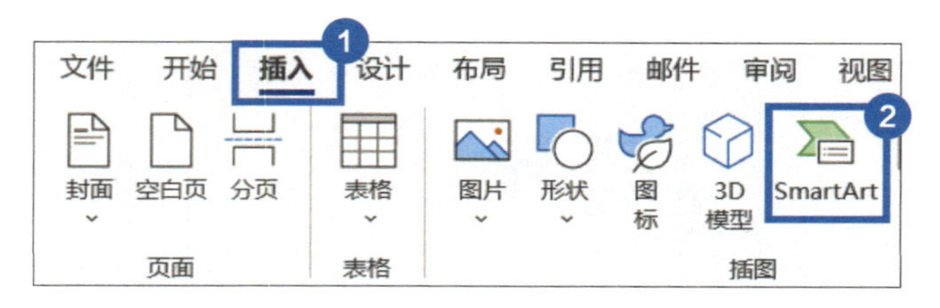

2 在弹出的【选择 SmartArt 图形】对话框中，单击选择【层次结构】-【组织结构图】，插入一个空白组织结构图。

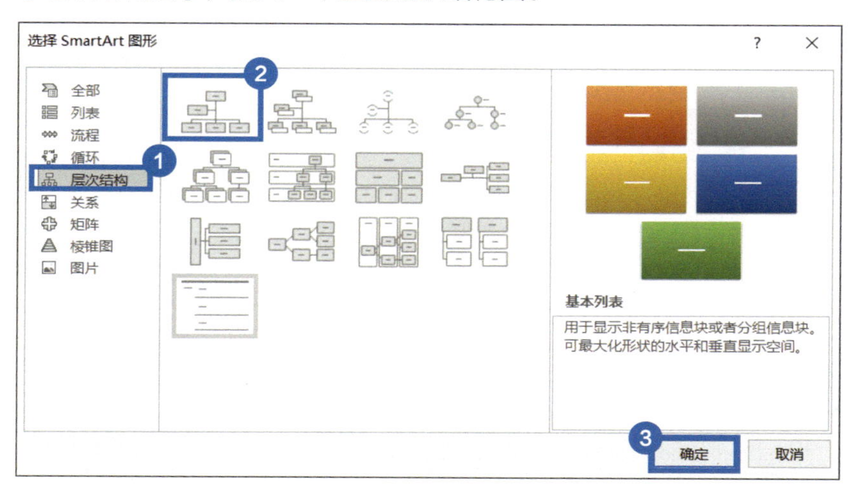

3 在【SmartArt 设计】选项卡的功能区中单击【文本窗格】图标，即可在【在此处键入文字】对话框中输入文本内容。

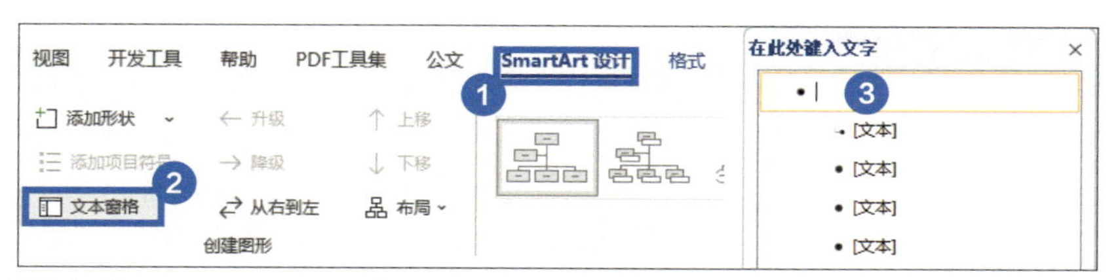

4 在【SmartArt 设计】选项卡的功能区中单击【添加形状】图标，选择需要的形状，即可增加形状数量。

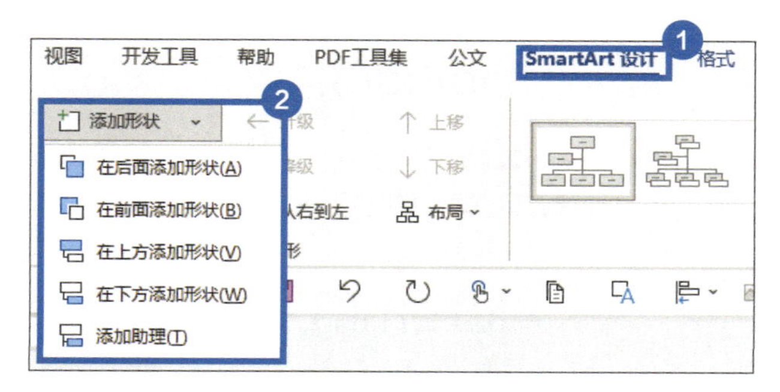

5 选中某一形状后，在【格式】选项卡的功能区中单击【更改形状】图标，在弹出的菜单中选择需要更改的形状。

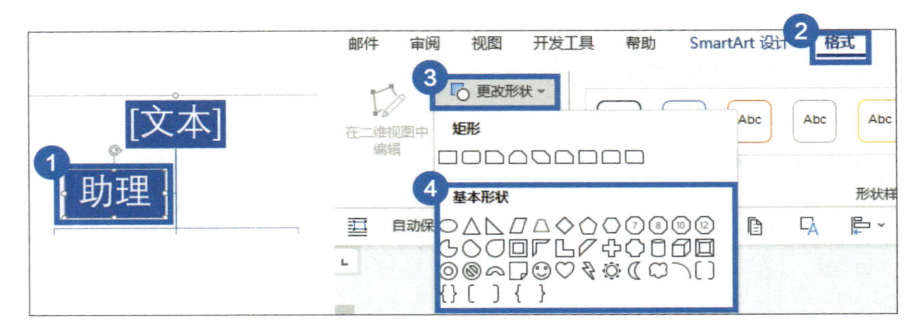

05 如何在 Word 中插入示例文本?

在学习 Word 的过程中，经常需要输入文字、段落作为练习素材，大段落地手动输入文字效率太低，复制、粘贴别人的内容又担心有版权问题，这可怎么办呢?

1 在文档空白处输入公式 “=rand()”，按【Enter】键，就会自动生成一段中文。

=rand()

2 如果想生成 3 段文字，每段 4 句话，就输入公式“=rand（3，4）”，再按【Enter】键。

=rand(3,4)

3 同理，在 Word 中输入公式“=lorem（段落数，句子数）”，再按【Enter】键，会自动生成无意义的拉丁占位文本。

=lorem(3,4)

06 如何在 Word 中制作二维码?

生活中很多地方都会用到二维码，我们可以自己动手用 Word 文档来制作属于自己的二维码。

1 在【开发工具】选项卡的功能区中单击【旧式工具】图标，在菜单中选择【ActiveX 控件】组中的【其他控件】命令。

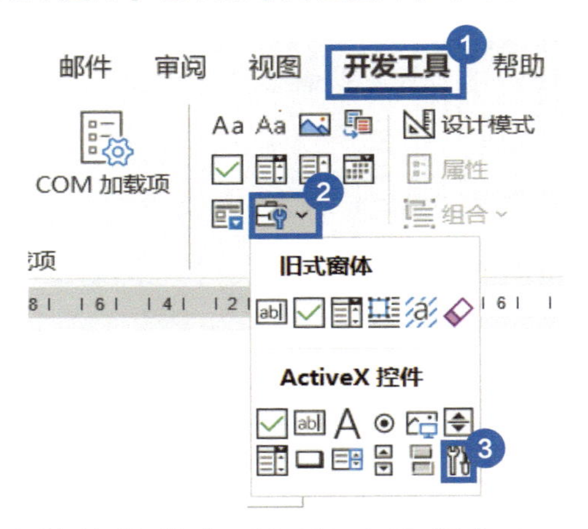

2 在弹出的【其他控件】对话框中选择【Microsoft BarCode Control 16.0】选项，此时文档中会自动插入一个条形码。

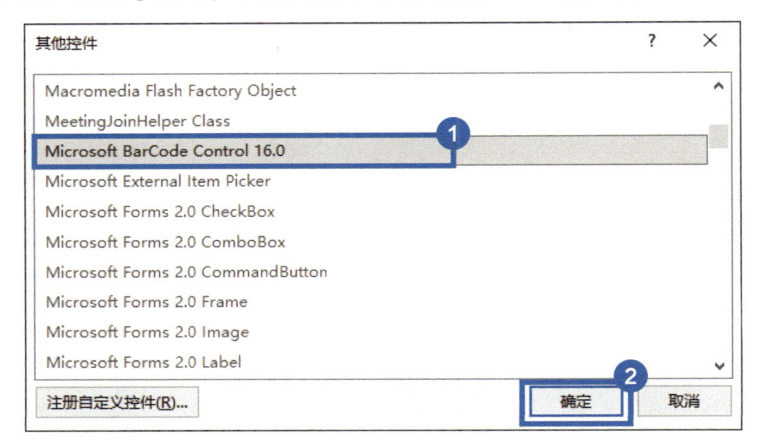

3 右键单击条形码，在弹出的菜单中选择【属性】命令。

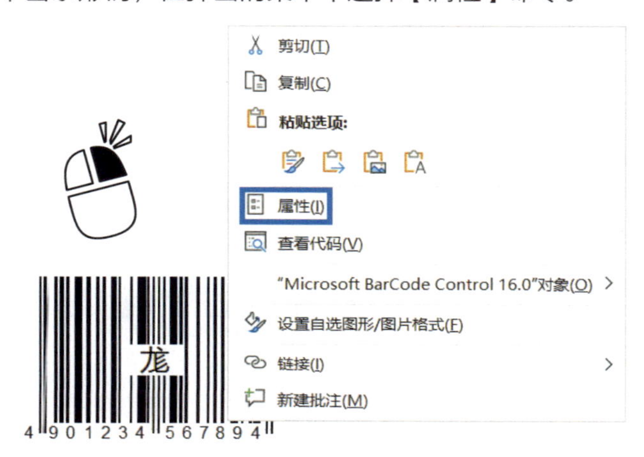

4 在【属性】对话框中单击【自定义】-【…】按钮。

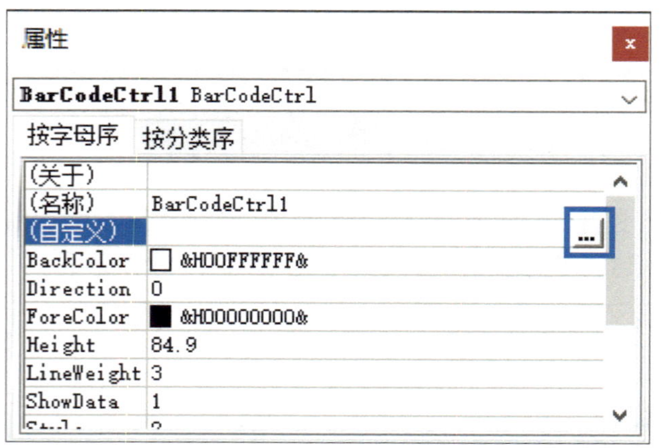

5 在【属性页】对话框中，将【样式】更改为【11 – QR Code】，单击【确定】按钮。

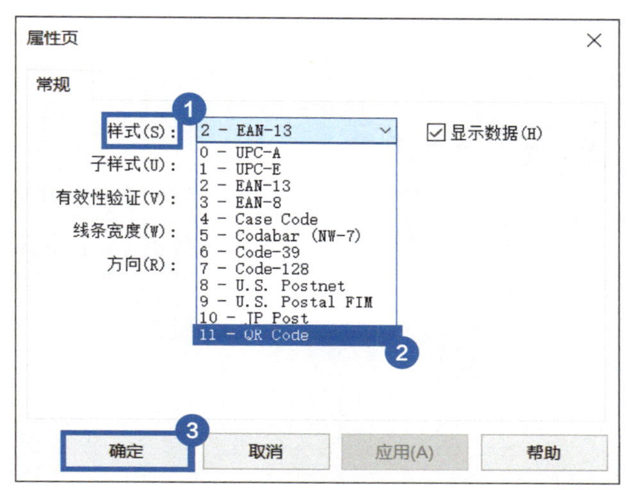

6 在【属性】对话框中的【Value】框中输入二维码要生成的内容。

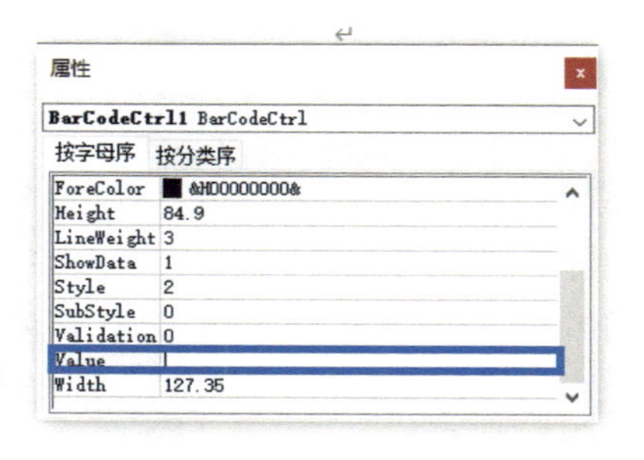

和秋叶一起学

秒懂Word

第 4 章

段落格式与样式

完成了基本文字内容的输入及基础的文字格式设置后，我们将在本章学习段落格式的调整。段落作为长文档的排版基本单位，它的格式设置极大地影响着文档的阅读体验。除此之外，本章我们也将为大家介绍长文档自动化排版中最为重要的样式功能。

扫码回复关键词“秒懂 Word”，下载配套操作视频

4.1 段落格式的设置

本节主要介绍段落的对齐、前后的间距、段落中行与行距离、段落分页及段落间排序等功能。

01 从网上复制的内容，粘贴后格式全乱了，怎么办？

从网上直接复制内容到 Word 文档中，里面往往带有很多复杂的格式，影响阅读及后续编辑。这些格式该如何快速清除呢？

1 选中需要清除格式的内容。

- Word 技巧大全
- 2020-05-02
- 4979
- 0

今天，给大家分享一些 Word 常用技巧。

Word 文字批量转成表格

2 在【开始】选项卡的功能区中单击【清除所有格式】图标。

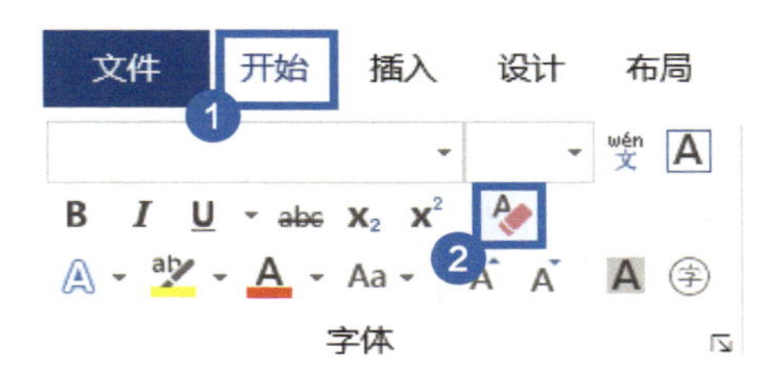

02 如何不频繁按【Enter】键来实现换页?

编辑文档时，常常遇到新的内容需要另起一页编辑的情况。一直按【Enter】键不仅操作烦琐，一旦内容有删减，就得重新调整。有什么方法可以不按【Enter】键，实现快速换页呢?

将光标定位在要换页的位置，在【插入】选项卡的功能区中单击【分页】图标或使用快捷组合键【Ctrl+Enter】即可完成页面分页。

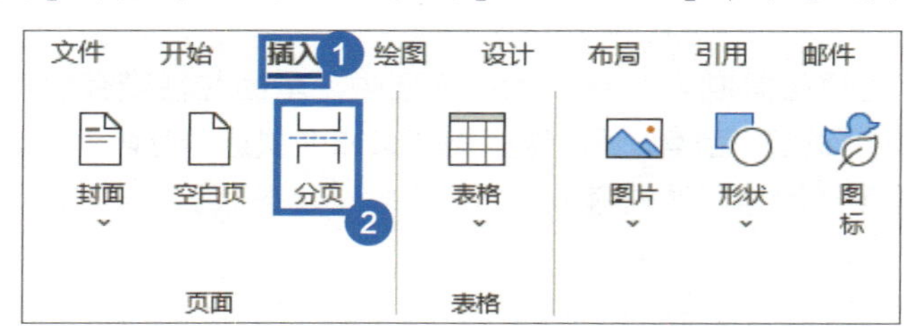

03 不按空格键，如何实现文字内容的对齐?

使用 Word 的过程中，有很多场景都需要对上下文进行对齐。手动按空格键不仅操作烦琐，还会遇到很多“空半格”或字体字号等带来的无法精准对齐的情况。有什么更精确的方法吗?

首先选中需要设置对齐的段落。

使用 Word 的过程中，有很多场景都需要对上下文进行对齐。手动敲空格不仅操作繁琐，还会遇到很多“空半格”或者字体字号等带来的无法精准对齐的情况。有什么比敲空格更简单精确的方法吗？使用 Word 的过程中，有很多场景都需要对上下文进行对齐。手动敲空格不仅操作繁琐，还会遇到很多“空半格”或者字体字号等带来的无法精准对齐的情况。有什么比敲空格更简单精确的方法吗？使用 Word 的过程中，有很多场景都需要对上下文进行对齐。手动敲空格不仅操作繁琐，还会遇到很多“空半格”或者字体字号等带来的无法精准对齐的情况。有什么比敲空格更简单精确的方法吗？

1. 段落文本的简单对齐

在【开始】选项卡功能区的【段落】组中选择所需要的对齐方式（左对齐、居中对齐、右对齐、两端对齐）即可。

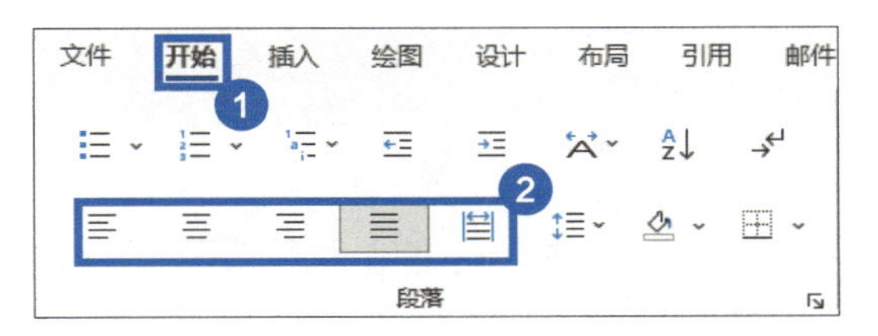

2. 两侧含缩进的文本对齐

1 在【开始】选项卡的功能区中单击【段落】组右下角的箭头图标。

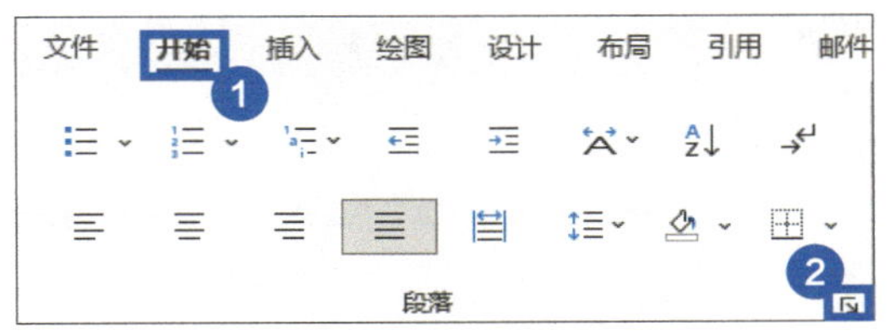

2 在弹出的【段落】对话框中，修改【缩进和间距】选项卡下【常规】栏中的【对齐方式】参数，修改【缩进】栏中的【左侧】和【右侧】数值，单击【确定】按钮即可。

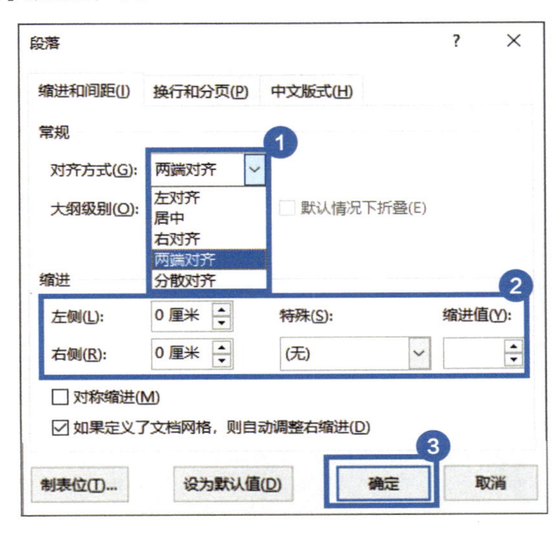

04 怎么删都删不掉，如何清除换行后莫名奇妙出现的空白?

相信很多读者遇到过这种情形：明明我只按了一次【Enter】键换行，可是中间却出现了大段的空白。这些空白该如何清除呢?

以“正文”样式下换行后空白的清除为例。

1 在【开始】选项卡的功能区中，右键单击【正文】样式，在菜单中选择【修改】命令。

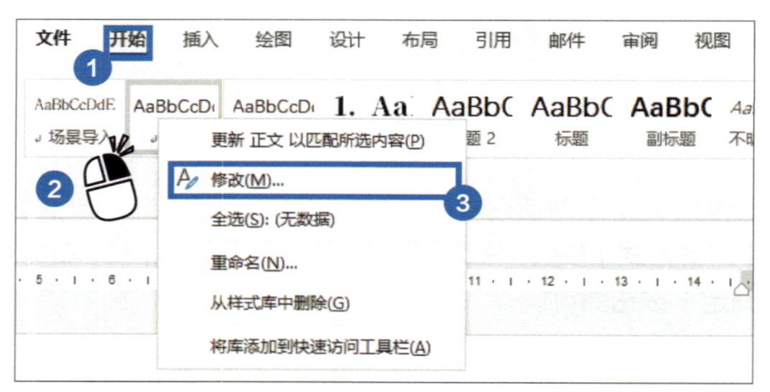

2 在弹出的【修改样式】对话框中单击【格式】按钮，选择【段落】选项。

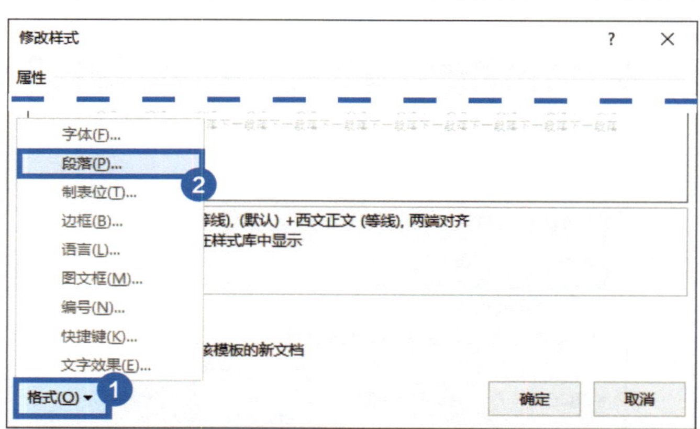

3 在弹出的【段落】对话框中单击切换到【换行和分页】选项卡，取消勾选【段前分页】复选项，单击【确定】按钮即可。

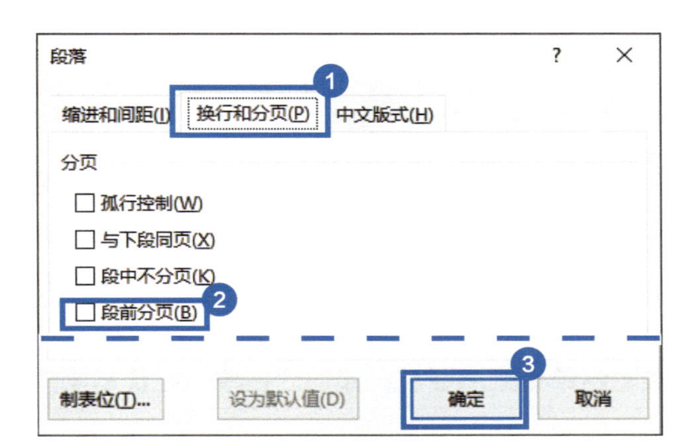

05 如何把长短不一的姓名两端对齐?

长短不一的姓名，很多人只会通过在姓名之间按空格键来进行对齐，这样的方法并不高效，有什么实用的方法可以实现多个姓名的快速对齐呢?

1 选中所有需要对齐的姓名，在【开始】选项卡的功能区中单击【分散对齐】图标。

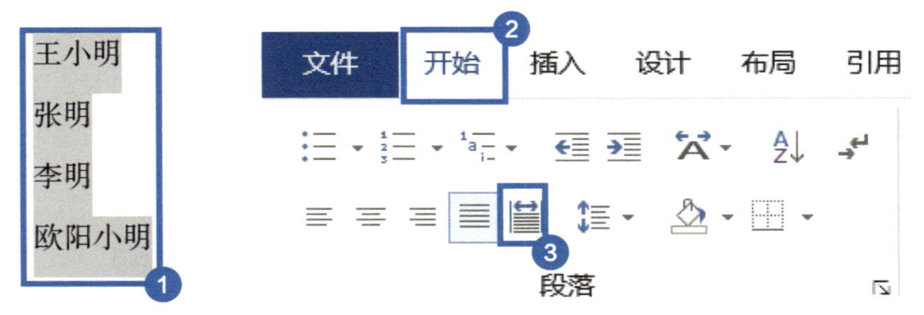

2 在弹出的【调整宽度】对话框中输入新文字宽度（一般选择和当前文字中最长的宽度即可），单击【确定】按钮。

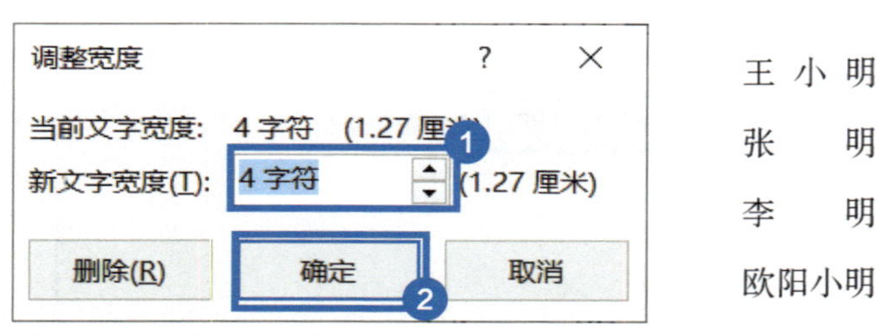

通过以上操作就可以实现多个姓名的快速对齐了。

06 致谢名单有顺序要求，如何让名单按姓氏笔画排序?

在很多名单后面，都会出现“按姓氏笔画排序”的说明。三个五个名字的时候勉强还可以手动调整，那如果有三五十个呢？你还要一个一个手动调整吗?

1 选中所有姓名，在【开始】选项卡的功能区中单击【排序】图标。

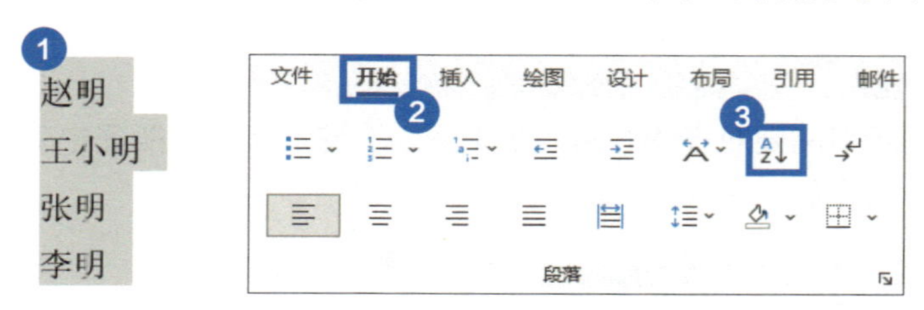

2 在弹出的【排序文字】对话框中，修改【主要关键字】为【段落数】，修改【类型】为【笔划】并选中【升序】选项，单击【确定】按钮即可。

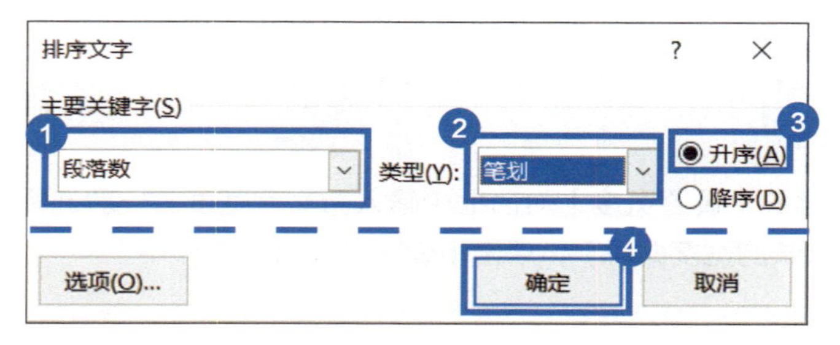

07 英文文献排序太乱，如何让它们按首字母进行排序？

撰写学术论文并进行排版是 Word 十分实用的功能之一。如果参考文献引用了多篇英文文献，如何对其按照首字母进行排序呢？

1 将所列出的参考文献使用自动编号，并选中参考文献。

1. Zhang A, Bai H, Li L. Breath figure: A nature-inspired preparation method for ordered porous films[J]. Chemical Reviews, 2015, 115(18): 9801–9868.
2. Yang X-Y, Chen L-H, Li Y, et al. Hierarchically porous materials: synthesis strategies and structure design[J]. Chemical Society Reviews, 2017, 46(2): 481–558.
3. Wan L S, Zhu L W, Ou Y, et al. Multiple interfaces in self-assembled breath figures[J]. Chemical Communications, 2014, 50(31): 4024–4039.
4. Zhang L, Zhao J, Xu J, et al. Switchable isotropic/anisotropic wettability and programmable droplet transportation on a shape-memory honeycomb[J]. ACS Applied Materials & Interfaces, 2020, 12(37): 42314–42320.
5. Zhu C, Tian L, Liao J, et al. Fabrication of bioinspired hierarchical functional structures by using honeycomb films as templates[J]. Advanced Functional Materials, 2018, 28(37): 1803194.
6. Wang W, Du C, Wang X, et al. Directional photomanipulation of breath figure arrays[J]. Angewandte Chemie International Edition, 2014, 53(45): 12116–12119.

2 在【开始】选项卡的功能区中单击【排序】图标。

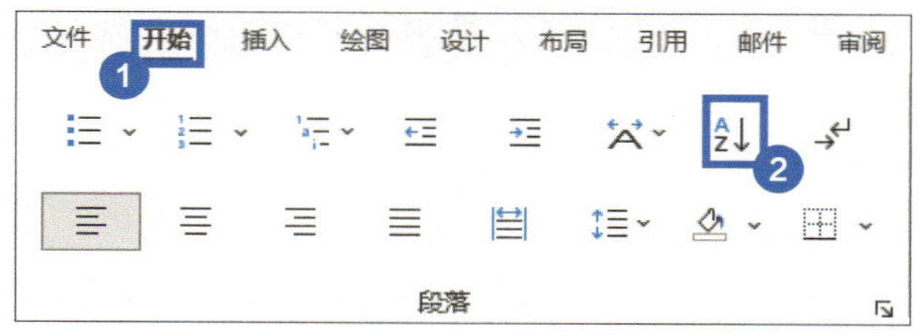

3 在弹出的【排序文字】对话框中，修改【主要关键字】为【段落数】，修改【类型】为【拼音】并选中【升序】单选项，单击【确定】按钮。

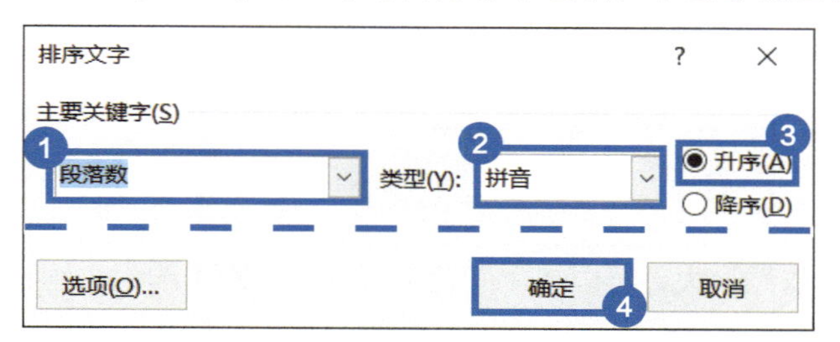

08 更换字体之后，段落行距变大了怎么办?

微软雅黑是 Word 中一种十分常见的字体，但如果直接把其他字体的文字修改为微软雅黑字体，常常会出现行距变大的情况，这种问题如何解决呢?

1 选中调整过字体的文字，在【开始】选项卡的功能区中单击【段落】组右下角的扩展按钮。

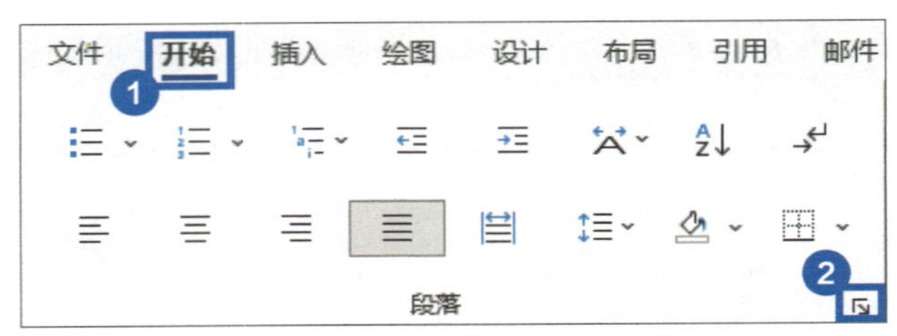

2 在弹出的【段落】对话框中，在【缩进和间距】选项卡的【间距】栏，取消勾选【如果定义了文档网格，则对齐到网格】复选项，单击【确定】按钮。

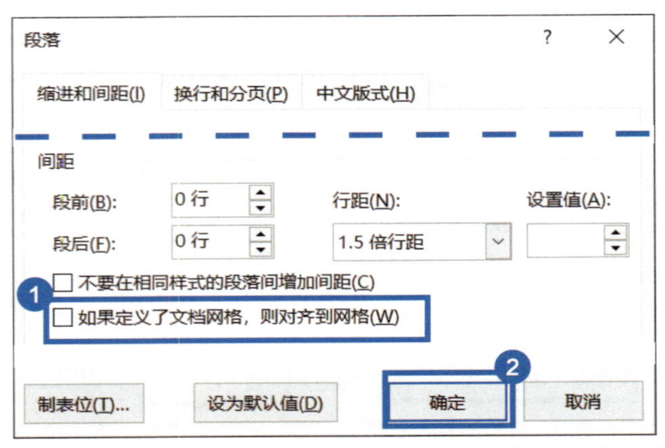

3 若行距依然很大，可以将【间距】栏的【行距】改为【固定值】。

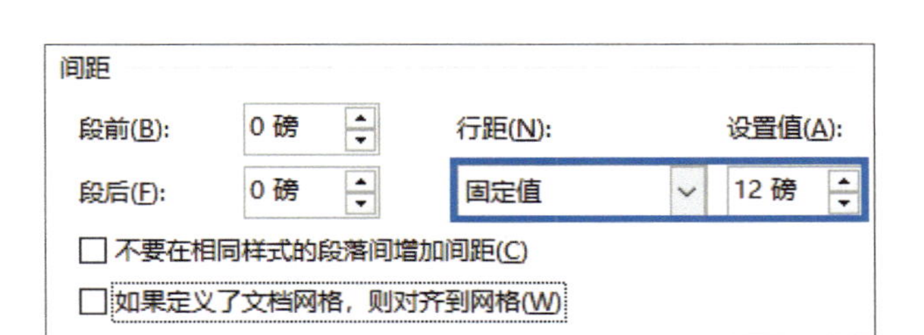

09 如何不按空格键设置段落开头空两格的效果?

很多规范文档书写都会有段落开头空两格的要求。按空格键不仅操作烦琐，一不小心还会出现多按或少按空格的情况。有什么方法可以不按空格键，就得到段落开头空两格的效果呢?

情况 1：对单独对段落设置

1 选中需要调整的段落。

很多规范文档书写都会有段落开头空两格的要求。手动敲空格键不仅操作繁琐，一不小心还会出现多敲两个或者少敲两个的情况，使文档看起来十分杂乱。有什么方法可以不敲空格键，就得到段落开头空两格的效果呢?

2 在【开始】选项卡的功能区中单击【段落】组右下角的扩展按钮。

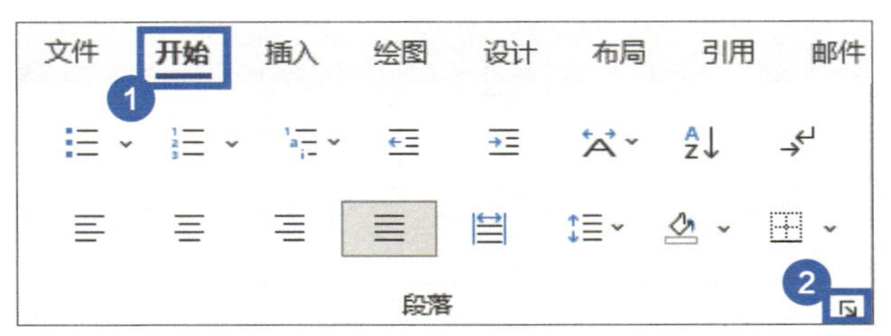

3 在弹出的【段落】对话框中，将【缩进和间距】选项卡的【缩进】栏的【特殊】选择为【首行】，【缩进值】设为【2 字符】，单击【确定】按钮即可完成开头空两格的效果。

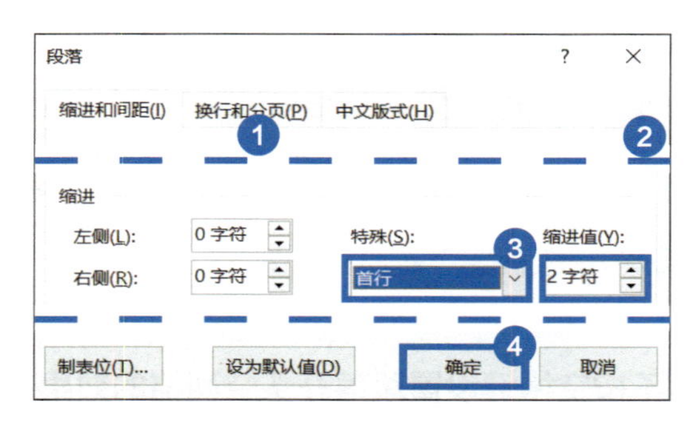

情况 2：对某一样式段落统一设置

以对“正文”样式下的段落进行设置为例。

1 在【开始】选项卡的功能区中，右键单击【正文】样式，在菜单中选择【修改】命令。

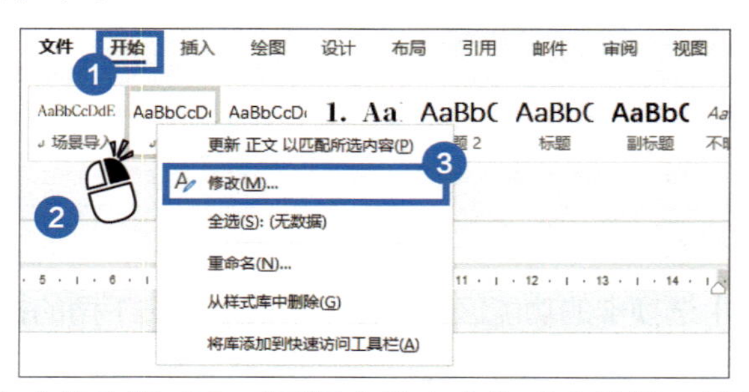

2 在弹出的【修改样式】对话框中单击【格式】按钮，选择【段落】选项。

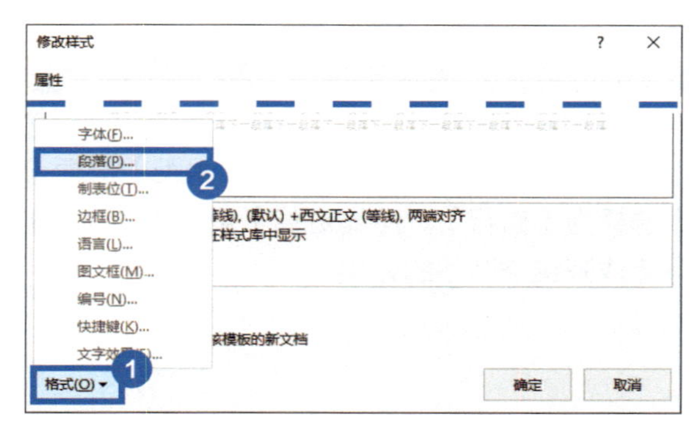

3 在弹出的【段落】对话框中，将【缩进和间距】选项卡的【缩进】栏的【特殊】选择为【首行】，【缩进值】设为【2 字符】，单击【确定】按钮即可完成开头空两格的效果。

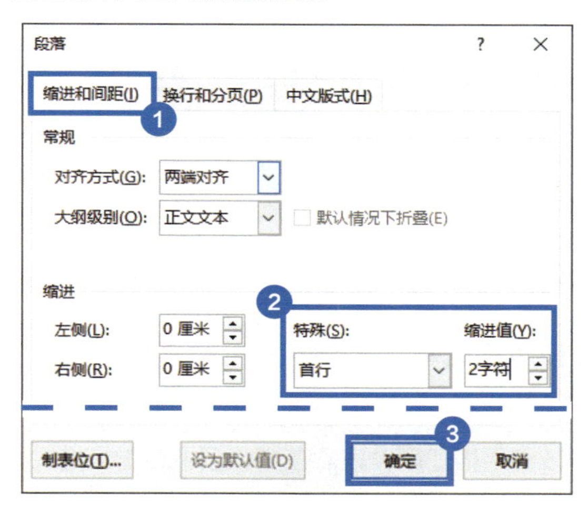

10 重复设置格式效率太低，如何快速将格式复制给其他段落？

如果想要某一部分内容和已有的内容格式保持一致，我们可以先找出哪些格式不一致，然后手动调整。但这种方法不仅低效，而且还不准确。有什么技巧可以实现快速复制格式吗？

1 选择待复制格式的内容。

如何用格式刷，将格式复制给其他内容？

如何用格式刷，将格式复制给其他内容？

2 在【开始】选项卡的功能区中单击【剪贴板】组中的【格式刷】图标。

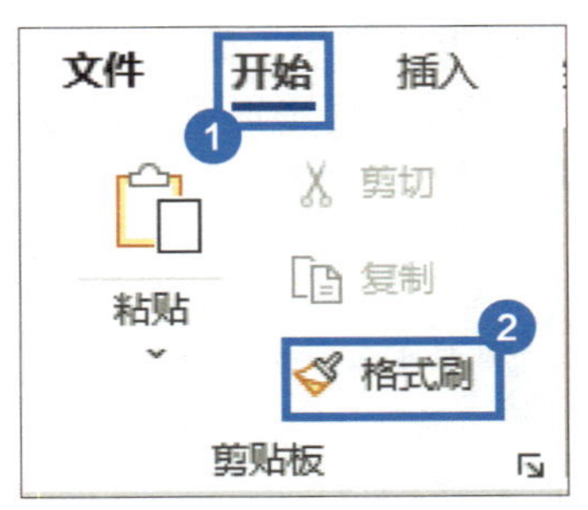

3 选中需要修改格式的内容，即可将已有的格式复制过来。

如何用格式刷，将格式复制给其他内容？

如何用格式刷，将格式复制给其他内容？

若需要连续使用格式刷，只需在步骤2中双击【格式刷】图标即可实现。

4.2 段落样式的设置

样式是文本格式与段落格式的统一体，如果想要实现长文档的自动化排版，样式这一功能一定要学会，它是长文档排版之魂。

01 如何批量修改段落格式为统一格式？

“样式”是 Word 中一个十分实用的功能。将样式设置好之后，便可以方便快速地为段落直接套用设置好的格式，而不需要分别逐个设置。如何使用样式快速统一段落格式呢？

1 将光标定位到需要套用样式的段落任意位置。

“样式”是 Word 中一个十分实用的功能。将样式设置好之后，便可以方便快速地为段落直接套用设置好的格式，而不需要分别逐个设置。如何使用样式快速统一段落格式呢？

2 在【开始】选项卡的功能区中的【样式】组，单击设置好格式的样式命令。

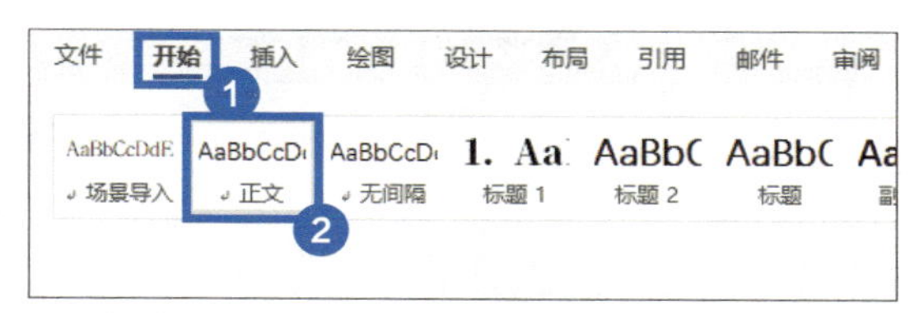

通过以上操作就可以实现通过样式统一设置段落格式了。

“样式”是 Word 中一个十分实用的功能。将样式设置好之后，便可以方便快速地为段落直接套用设置好的格式，而不需要分别逐个设置。如何使用样式快速统一段落格式呢？

02 每次写文档都要新建特定的样式，能否将它添加到模板？

对于经常使用又普适性高的格式，如果可以直接添加样式并适用于所有新建的文档，会为后续文档的编辑减少很多不必要的操作。如何添加样式到所有的文档中呢？

这里以添加“示例样式”为例。

1 在【开始】选项卡的功能区中，单击【样式】组的下拉箭头，在展开的菜单中选择【创建样式】命令。

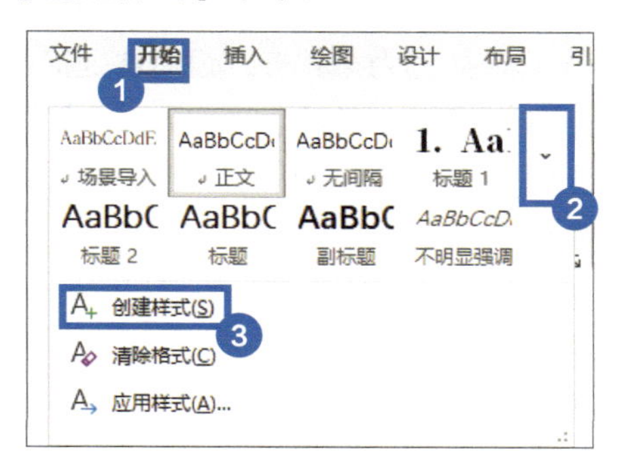

2 在弹出的【根据格式化创建新样式】对话框中的【名称】框里输入“示例样式”，根据需求选择【样式类型】【样式基准】和【后续段落样式】。

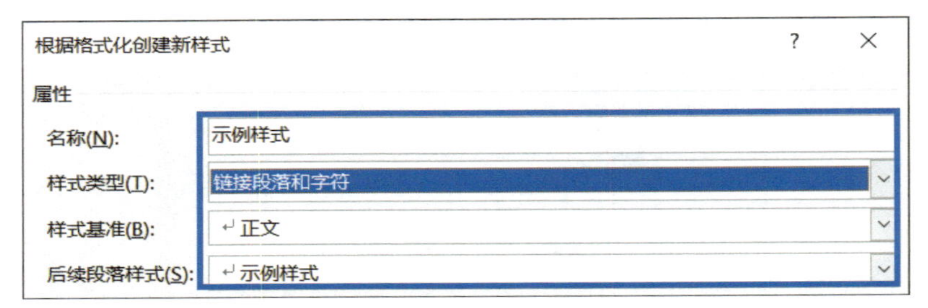

3 单击【格式】按钮设置样式字体、段落等格式，选中【基于该模板的新文档】单选项，单击【确定】按钮。

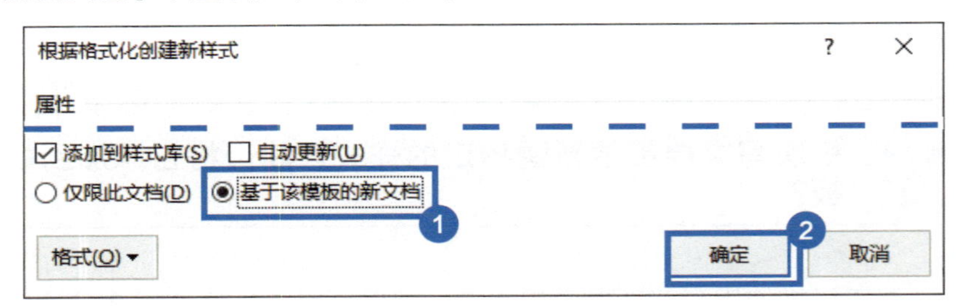

03 应用样式只能鼠标单击？能不能设置快捷键？

快捷键可以为 Word 的操作带来很多便利。“样式”是 Word 中十分常用的功能，如果可以给常用的样式设置快捷键，就可以为操作减少很多复杂的操作。该如何为某种样式设置快捷键呢？

以为【标题 1】样式设置快捷键【Ctrl+Alt+1】为例。

1 在【开始】选项卡的功能区中，右键单击【标题 1】样式，在弹出的菜单中选择【修改】命令。

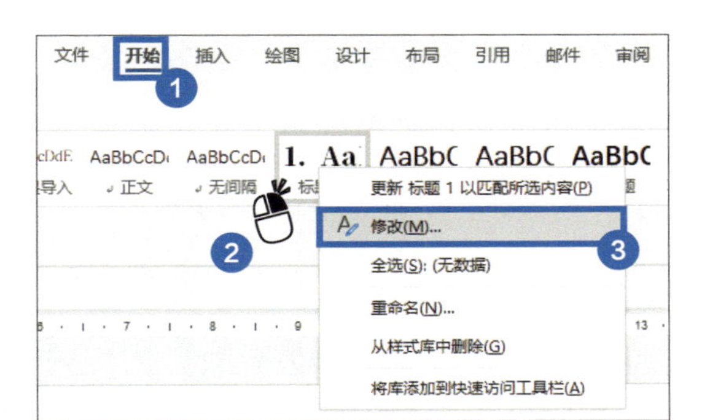

2 在弹出的【修改样式】对话框中单击【格式】按钮，选择【快捷键】选项。

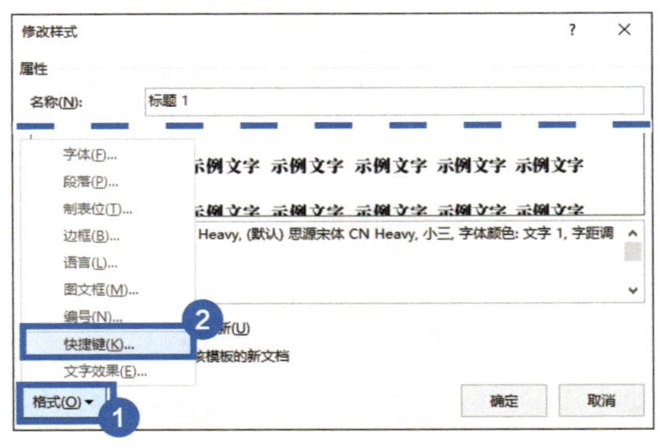

3 在弹出的【自定义键盘】对话框的【请按新快捷键】框中，按快捷键【Alt+Ctrl+1】，单击【指定】按钮后单击【关闭】按钮。

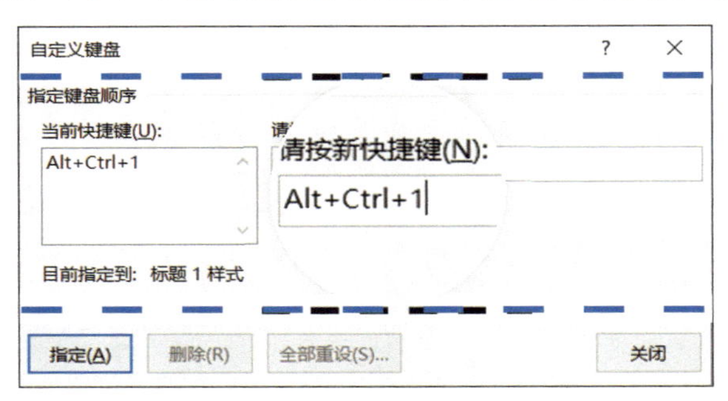

04 如何让段落格式的修改自动同步给样式?

将样式的修改手动同步到样式为样式的更新节省了很多操作，有没有更简单的方法，可以在修改格式的同时，自动同步给样式，使相同样式下的内容格式实现统一修改呢?

这里以“标题 1”样式的自动同步为例。

1 在【开始】选项卡的功能区中，右键单击【标题 1】样式，在弹出的菜单中选择【修改】命令。

2 在弹出的【修改样式】对话框中，勾选【自动更新】复选项，单击【确定】按钮。

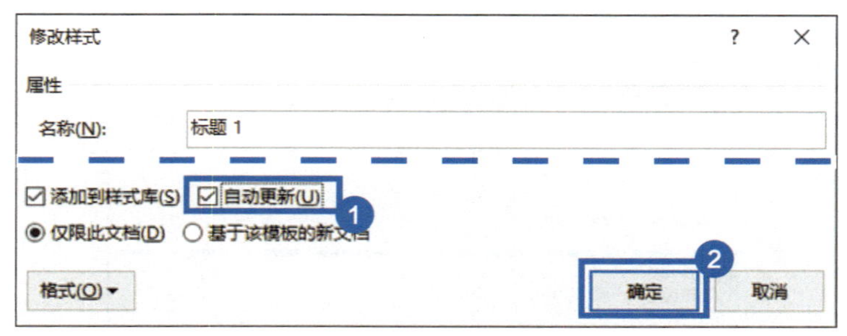

通过以上操作，以后修改任意应用了“标题 1”样式的段落格式，

均会自动同步到应用了样式的段落。

05 如何用样式集快速排版？

如果文档中应用了样式，但排版和格式不符合要求，应用“样式集”功能可以实现迅速改变文档风格。那么，如何使用样式集实现快速排版的效果呢？

在【设计】选项卡的功能区中的【文档格式】组中，单击选择需要的样式即可。

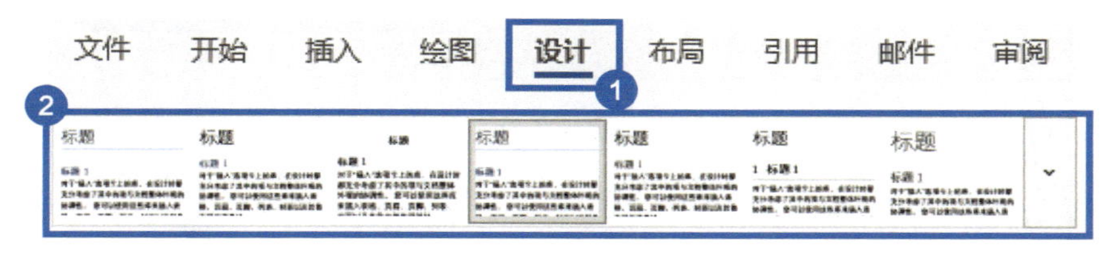

06 如何把别人文档中的样式复制到我的文档中？

有时文档内容已经编辑好了，这时候发现别人文档中设置好的样式更加合适，有没有什么办法可以将别人文档中的样式直接复制到自己的文档中呢？

1 在【开始】选项卡的功能区中单击【样式】组右下角的扩展按钮以打开【样式】对话框，单击【管理样式】按钮。

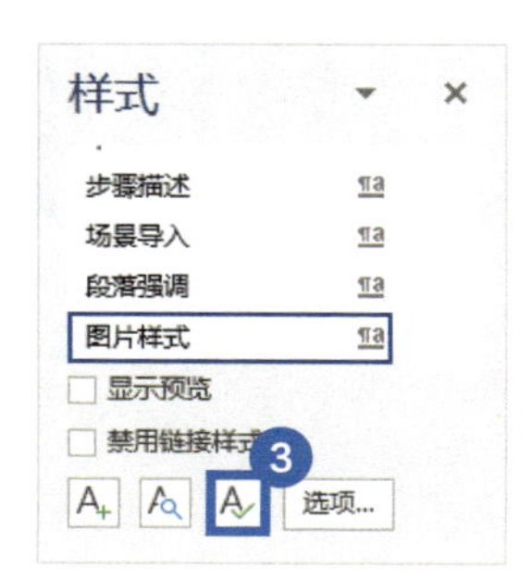

2 在弹出的【管理样式】对话框中，单击左下角的【导入/导出】按钮。

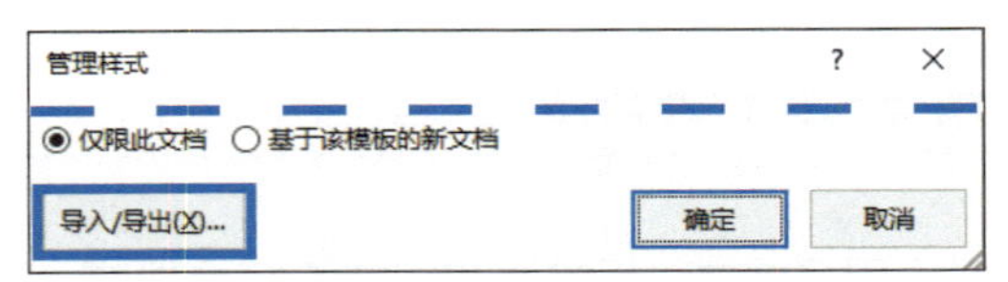

3 在【管理器】对话框中，单击右侧的【关闭文件】按钮，然后单击【打开文件】按钮。

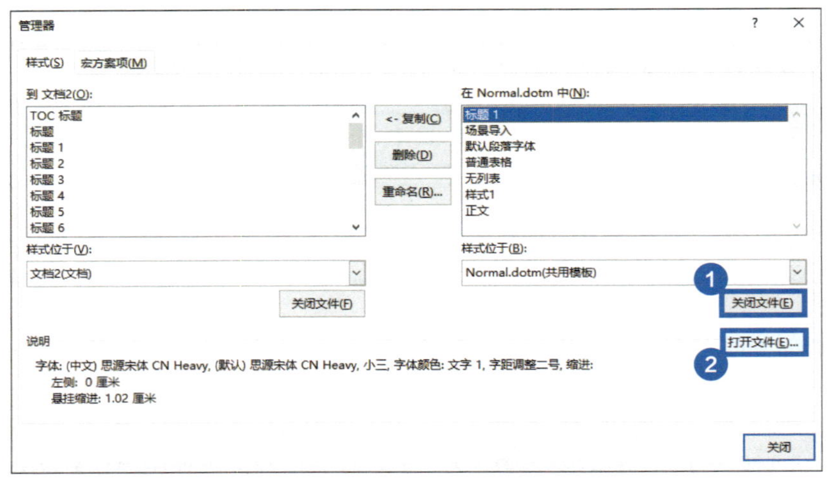

4 在【打开】对话框中选择需要导入的样式文档，单击【打开】按钮。

5 在右侧样式窗口中按住【Ctrl】键选中需要导入的样式，单击【复制】按钮，在弹出的对话框中单击【全部是】按钮。

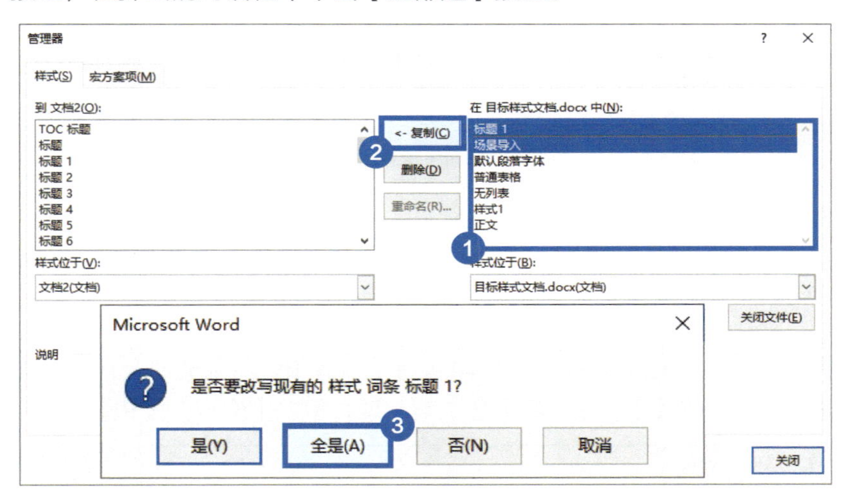

07 应用样式后，标题前后的黑点怎么去掉?

在 Word 的标题前面，常常会有“小黑点”。虽然不会被打印出来，但既影响美观，又不能直接删掉。有什么方法可以去掉小黑点呢?

1 在【开始】选项卡的功能区中，右键单击【标题 1】样式，在弹出的菜单中选择【修改】命令。

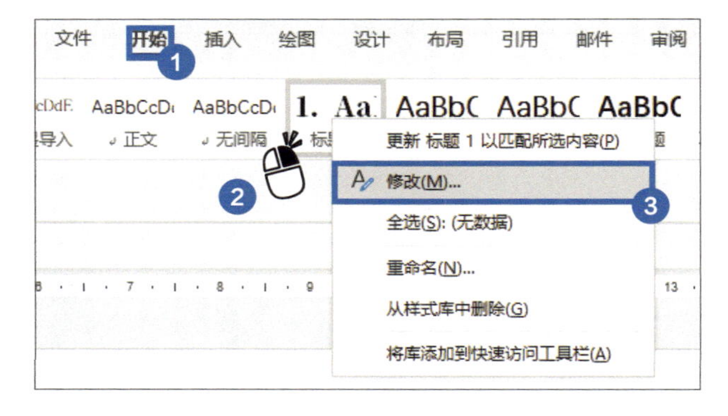

2 在弹出的【修改样式】对话框中单击【格式】按钮，选择【段落】选项。

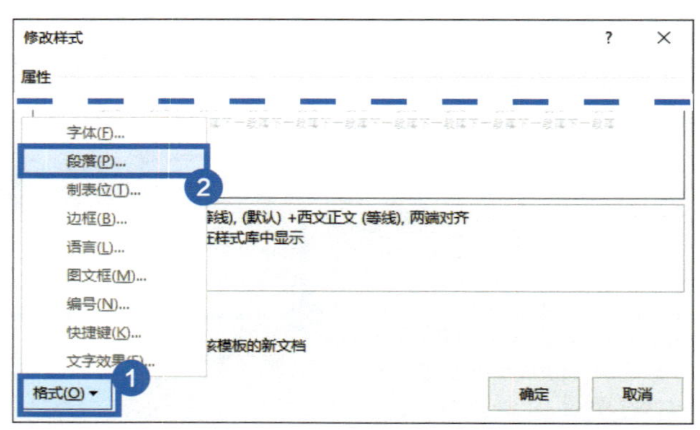

3 在弹出的【段落】对话框中切换到【换行和分页】选项卡，取消勾选【与下段同页】【段中不分页】复选项，单击【确定】按钮。

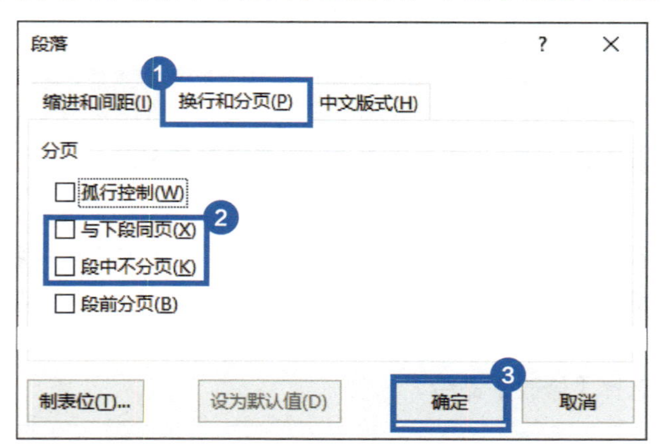

第 5 章
文档的段落编号

段落的编号是长文档排版中最让人头疼的地方，编号如果全都靠手工输入，稍不注意输错，之前所有的努力全都白费，一切从头来过。Word 软件内置了给段落编号的功能，能够实现段落的自动编号，而且编号也会随着段落的添加、删减自动更新。

扫码回复关键词“秒懂 Word”，下载配套操作视频

5.1 项目符号与编号

如果想让没有严格顺序的段落内容观感更整齐，可以为其添加项目符号；如果想要有严格次序的段落更加直观，可以为其添加段落编号，但是在编号的过程中总会有些小毛病，本节就帮你解决它们！

01 段落编号有要求，如何让段落自动生成项目符号和编号？

段落编号可以使段落层次分明，结构清晰。而在无须使用段落编号的情况下，项目符号在文档中也同样可以起到强调说明的作用。除了手动输入，可以为编辑好的段落快速添加编号和项目符号吗？

1. 添加项目符号

选中需要添加项目符号的段落，在【开始】选项卡的功能区中单击【项目符号】图标右侧的下拉按钮，在展开的菜单中选择需要的项目符号，即可为段落添加项目符号。

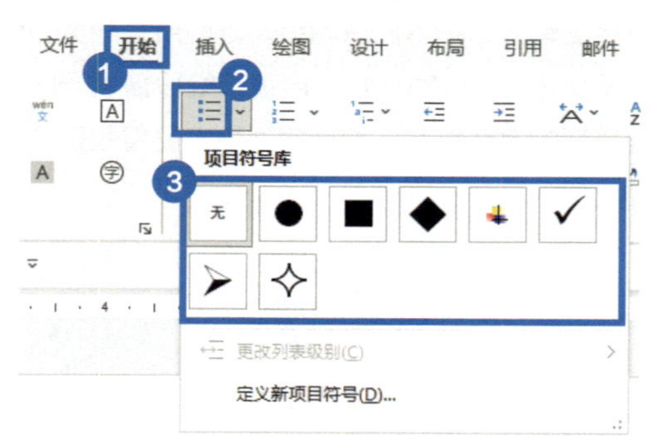

2. 添加段落编号

选中需要添加段落编号的段落，在【开始】选项卡的功能区中单击【编号】图标右侧的下拉按钮，在展开的菜单中选择需要的编号格式，即可为段落添加编号。

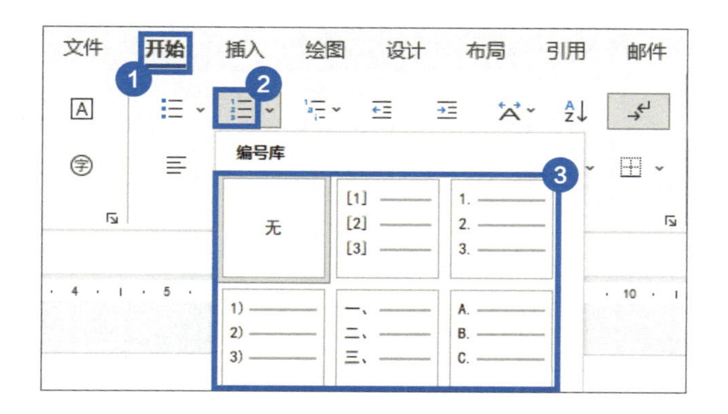

02 软件内置的项目符号不喜欢，如何添加自定义项目符号和编号？

Word 软件中内置的项目符号和编号类型有些少，我们该如何添加自定义的项目符号和编号呢?

1. 自定义项目符号

1 在【开始】选项卡的功能区中单击【项目符号】图标右侧的下拉按钮，在展开的菜单中选择【定义新项目符号】命令。在弹出的【项目符号和编号】对话框中选择任意一个符号，单击右下角的【自定义】按钮。

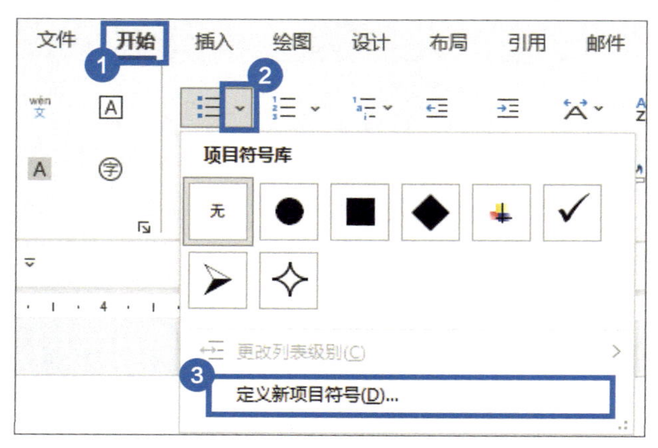

2 在弹出的【定义新项目符号】对话框中，单击【符号】按钮打开【符号】对话框，然后将【字体】切换为“Wingdings”“Wingdings 2”“Wingdings 3”或“Webdings”字体，选择合适符号，单击【插入】按钮后返回，单击【确定】按钮完成项目符号的自定义。

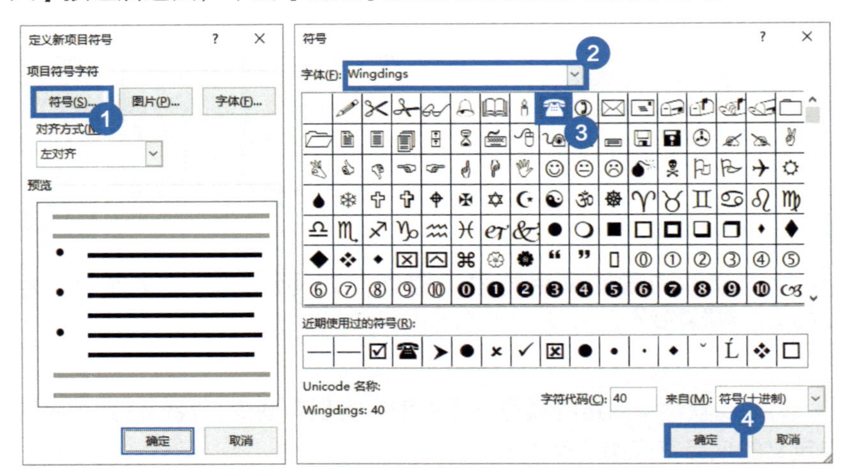

2. 自定义编号

这里以设置 01、010 这样的编号为例。

1 在【开始】选项卡的功能区中单击【编号】图标右侧的下拉按钮，在展开的菜单中选择【定义新编号格式】命令。

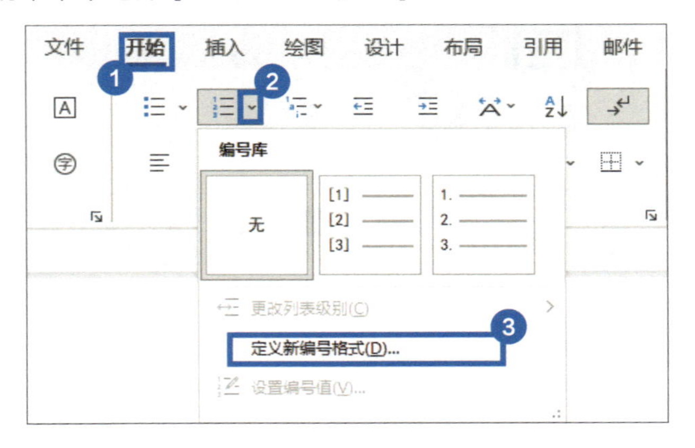

2 在弹出的【定义新编号格式】对话框中，在【编号格式】框的“1”前输入“0”并删除编号后的多余符号，然后修改【编号样式】为“1,2,3，…”，【对齐方式】选择“左对齐”，此时可以在【预览】窗口中看到对应的编号样式。

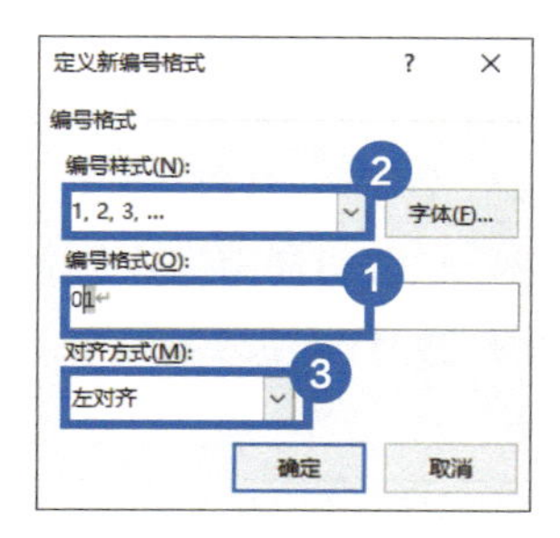

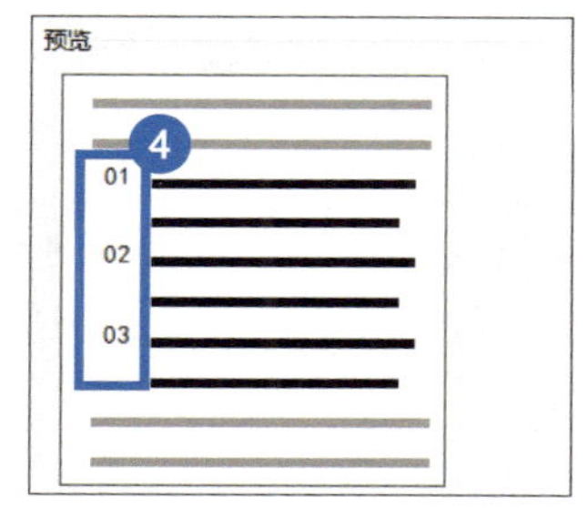

03 如何取消自动编号?

自动编号的存在可以为文档内容的输入节省很多时间，而且格式一致，无须过多的后续调整。但有些时候并不需要继续编号，或者编号不合自己的心意，有什么办法可以取消自动编号吗?

1 打开 Word 文档后，选择【文件】-【选项】命令。

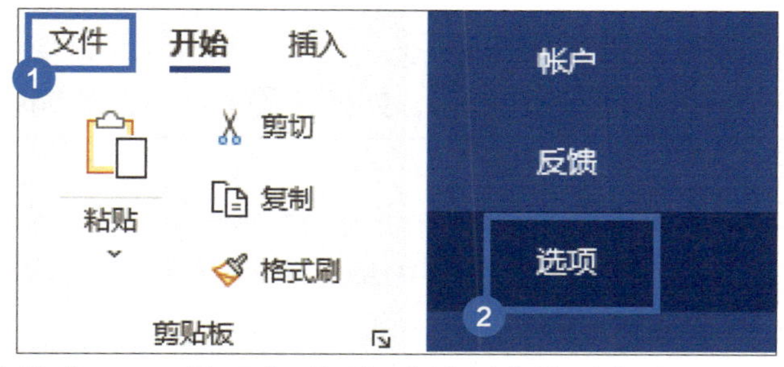

2 在弹出的【Word 选项】对话框中选择【校对】选项，在右侧窗口中单击【自动更正选项】按钮。

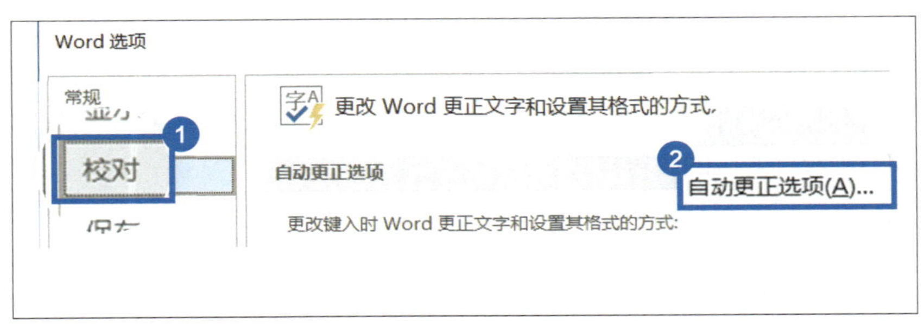

3 在弹出的【自动更正】对话框的【键入时自动套用格式】选项卡中，取消勾选【键入时自动应用】组中的【自动编号列表】复选项，单击【确定】按钮。

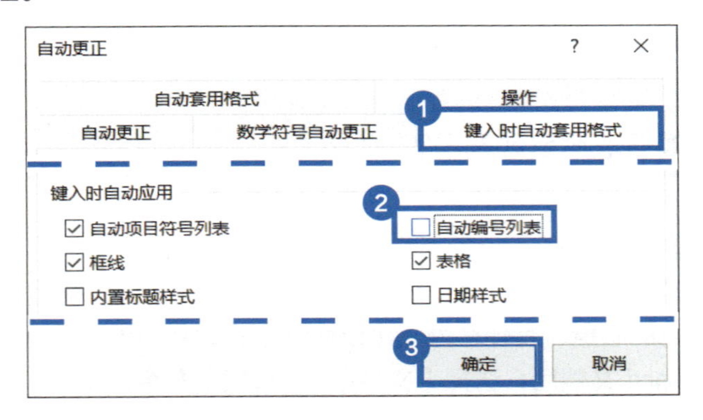

04 不希望继续前面的编号，如何让段落从 1 开始编号？

有时在段落编号的过程中，一个段落结束开始新的一个段落时需要重新开始编号，但 Word 文档中却默认了继续编号。如何设置段落编号从 1 开始编号？

右键单击编号，在弹出的菜单中选择【重新开始于 1】命令即可。

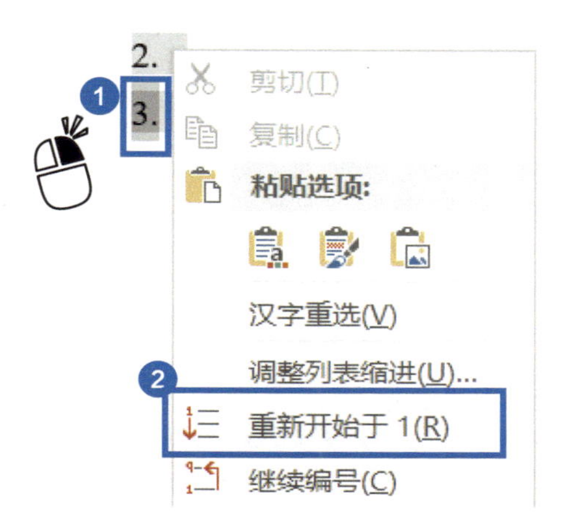

05 自动编号后，序号和文字间距太大了，该怎么调整?

在系统自动编号之后数字和文字之间通常会有一段比较大的间距。有时候并不需要这么大的间距，有没有什么办法可以缩小这个间距呢?

1 右键单击编号，在弹出的菜单中选择【调整列表缩进】命令。

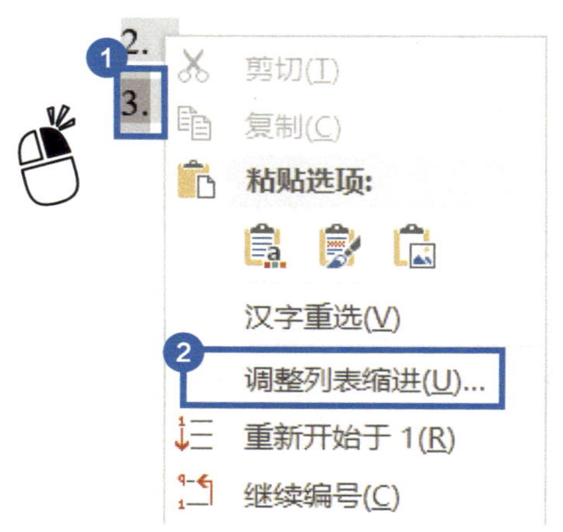

2 在弹出的【调整列表缩进量】对话框中，缩小【文本缩进】的数值，

或者将【编号之后】改为【空格】或【不特别标注】，单击【确定】按钮。

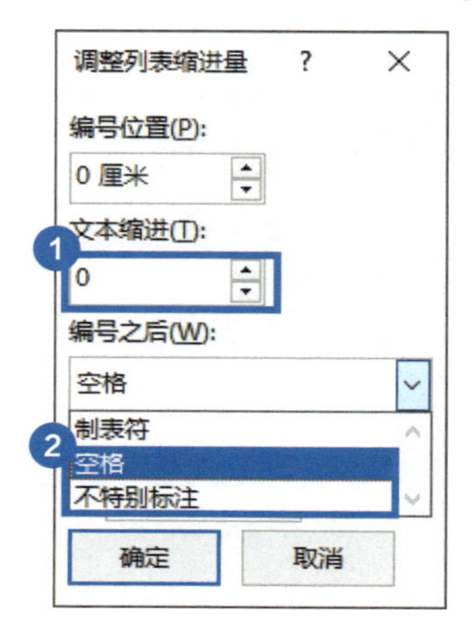

5.2 长文档的多级编号

同一级别内容的编号直接使用编号功能就好，但是长文档中往往会涉及多个层级内容的编号，而且每个层级的编号彼此之间有联动，这个时候就需要用到多级列表功能了，本节将介绍多级列表的设置及疑难杂症的解决方法。

01 编写多层级内容的文档时，如何实现多级标题自动编号?

单层级标题可以通过编号功能实现快速编号，但如果文档中含有多层级的标题，该如何设置各层级的编号呢?

1 在【开始】选项卡的功能区中，使用【样式】组中的各种样式为文档设置好各级标题的样式。

2 在【开始】选项卡的功能区中单击【多级列表】图标。

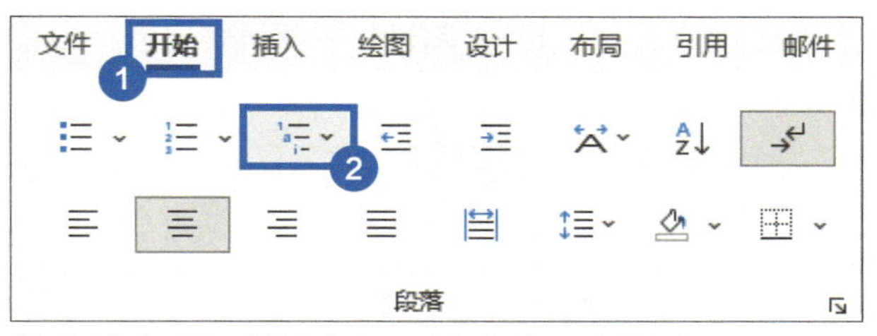

3 在弹出的菜单中选择链接有标题样式的列表样式即可。

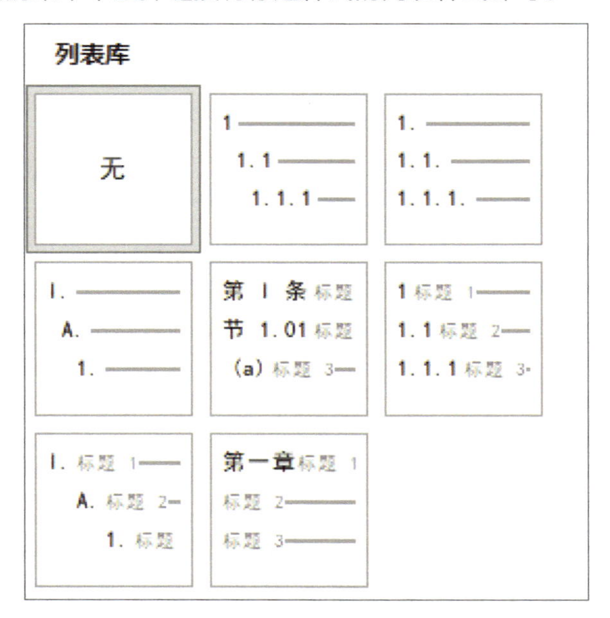

02 软件内置的多级编号样式不符合需求，该如何自定义多级列表样式？

在 Word 列表库中内置有多种样式的多级编号，但如果这些编号样式不符合文档要求，该如何自定义设置所需要的多级列表样式呢？

1 在【开始】选项卡的功能区中，使用【样式】组中的各种样式为文档设置好各级标题的样式。

2 在【开始】选项卡的功能区中单击【多级列表】图标，在弹出的菜单中选择【定义新的多级列表】命令。

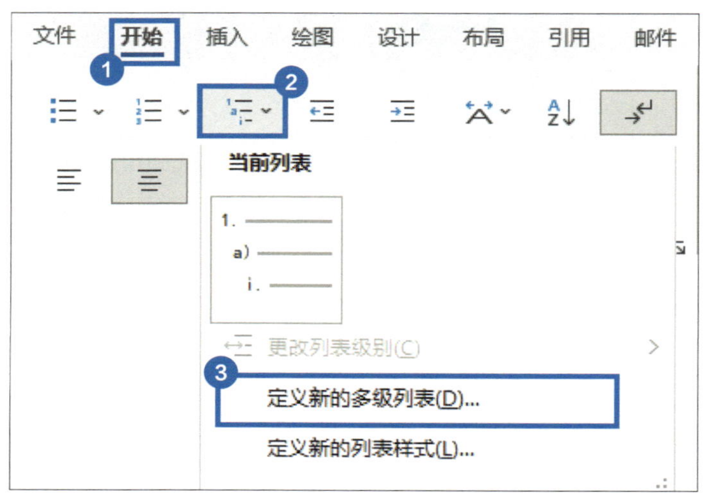

3 在【定义新多级列表】对话框中，单击左下角的【更多】按钮让对话框显示完整界面。

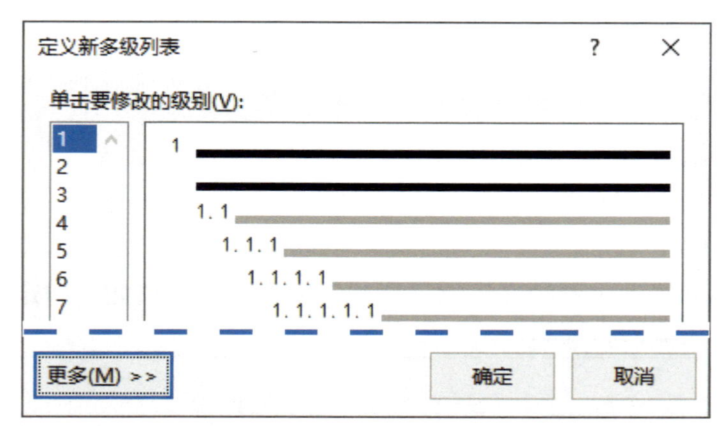

4 以将一级标题格式设置为“第 1 章”为例：【单击要修改的级别】选择【1】，在【输入编号的格式】框中带灰色底纹的“1”前面输入“第”，后面输入“章”。【将级别链接到样式】选择【标题 1】。

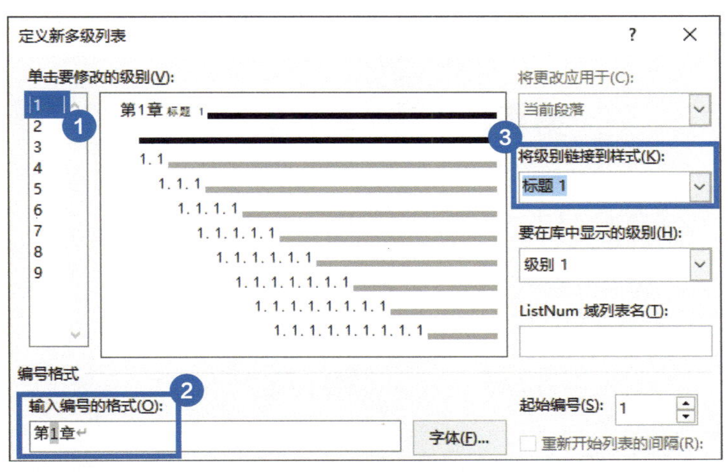

类似地，设置好二级标题、三级标题等其他级别的编号格式。

5 单击【设置所有级别】按钮，设置需要的【文本缩进位置】数值（如 0 厘米）和【编号之后】的参数（如空格），单击【确定】按钮。

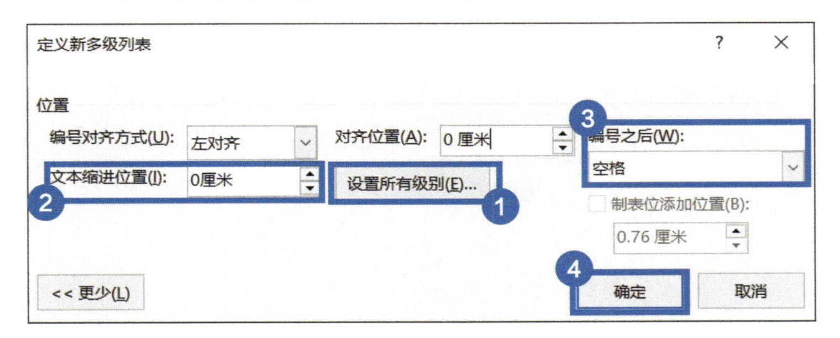

03 自定义编号中的下级编号跟随上级编号变化怎么设置？

在使用多级标题的过程中，各级标题自动编号错乱令人很头疼。开始新的一级标题之后，二级标题编号并没有从 1 开始，反而继续了上一章节。有没有什么办法可以从根本上解决自动编号错乱的问题呢？

期待的结果	实际的结果
第1章	**第1章**
1.1	**1.1**
1.2	**1.2**
第2章	**第2章**
2.1	**2.3**

1 在【开始】选项卡的功能区中单击【多级列表】图标，在下拉菜单中选择【定义新的多级列表】命令。

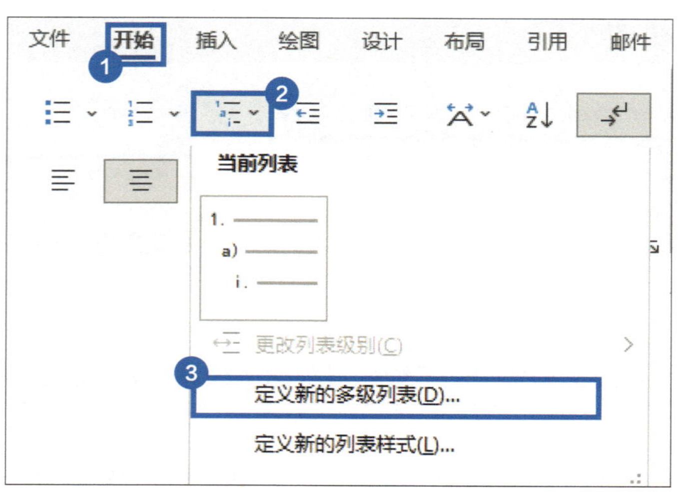

2 在弹出的【定义新多级列表】对话框中，单击左下角的【更多】按钮让对话框显示完整界面。

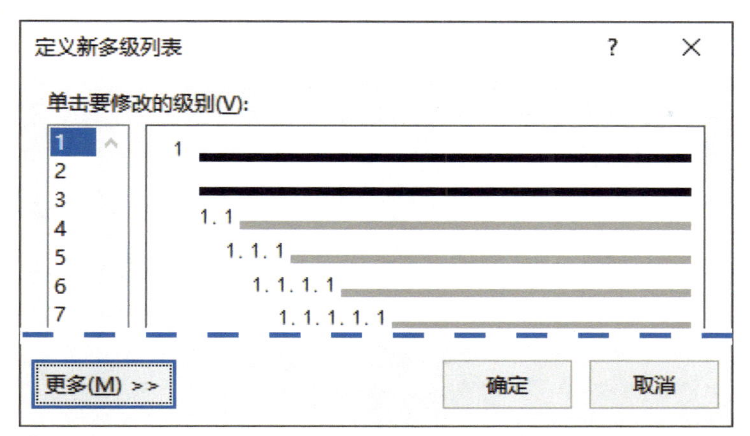

3 将【单击要修改的级别】选择为【2】，勾选【重新开始列表的间隔】前面的复选框并选择【级别 1】。类似地，设置好除一级标题外所有级别的编号之后，单击【确定】按钮。

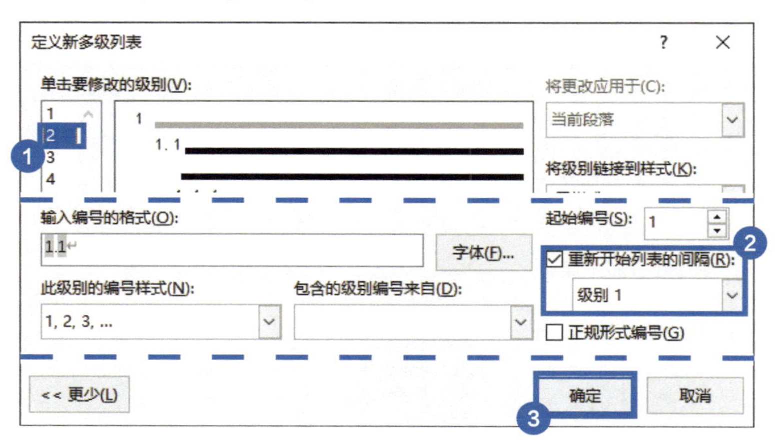

第 6 章 文档中的图片与图形

图片和图形也是 Word 排版中不可或缺的元素，它们的存在大大提升了文档的可阅读性，但是它们也是文档排版中很难驾驭的排版元素，想要制作出优雅美观的文档，本章内容请务必熟练掌握。

扫码回复关键词“秒懂 Word”，下载配套操作视频

6.1 图片的插入与排版

图片在文档中有多种存在形式，不同类型的图片在文档排版中的处理方式不同，本节就重点讲解图片类型的区别及对应的排版操作。

01 文档中的图片类型有很多，都有哪些区别呢？

在 Word 中的图片其实有 3 种类型，7 种形式，它们有什么区别呢？

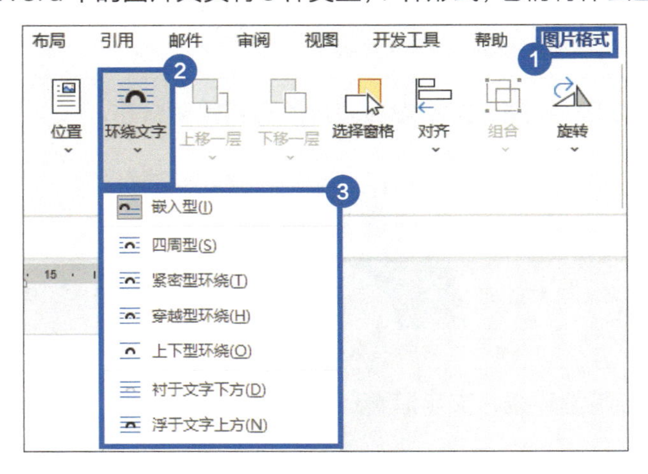

第 1 类：嵌入型

这种形式的图片，在 Word 中被看作为一个字符嵌入在 Word 段落当中，和文字一样，会受到行间距和文档网格设置的影响。

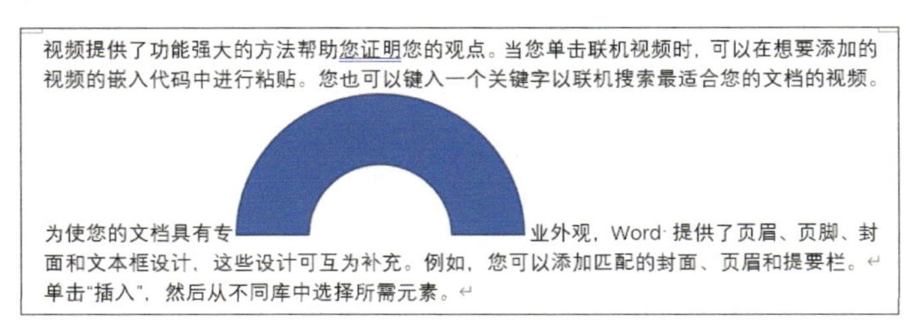

第 2 类：文字环绕型

文字会基于这个图片环绕在它周围，当拖动图片时，文字会根据图片的位置调整环绕。

这种类型的图片包含有 4 种环绕形式。

1. 四周型：文字沿着图片的尺寸轮廓分布。

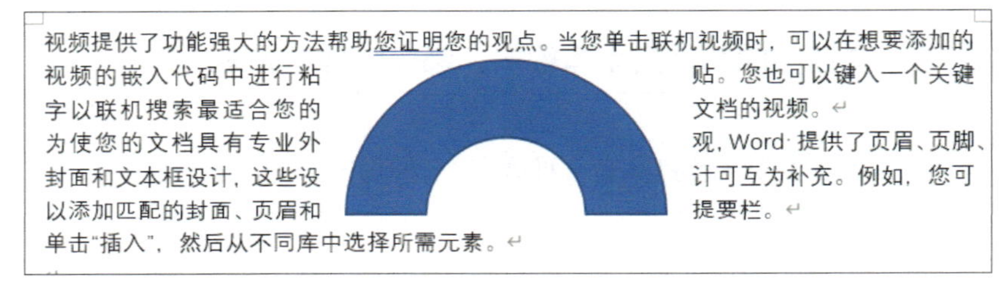

2. 紧密环绕型：文字沿着图片的真实轮廓分布。

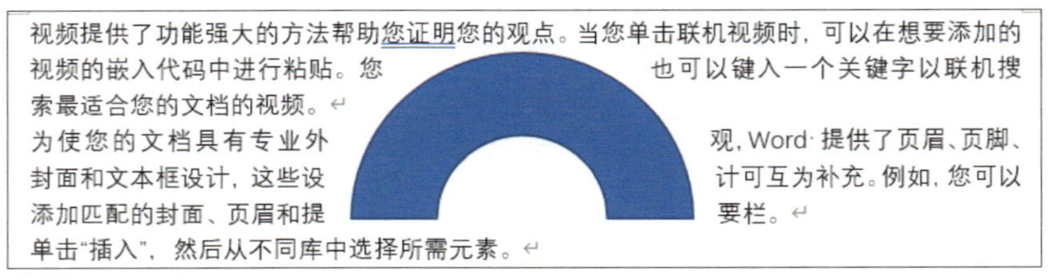

3. 穿越型环绕：文字沿着环绕轮廓分布排列。

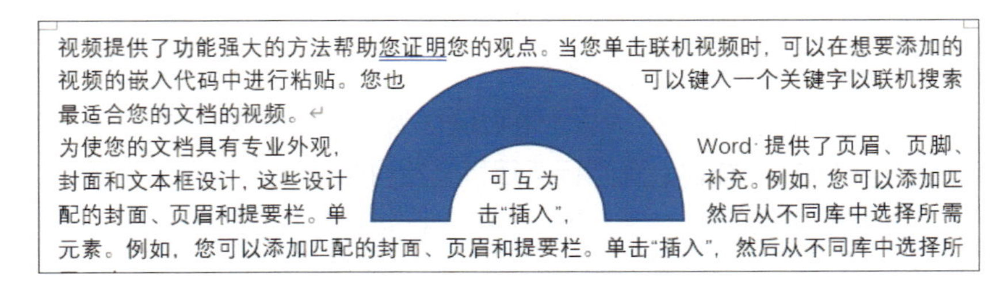

4. 上下型环绕：文字会以行为单位分布在图片的上下方。

视频提供了功能强大的方法帮助您证明您的观点。当您单击联机视频时，可以在想要添加的视频的嵌入代码中进行粘贴。您也可以键入一个关键字以联机搜索最适合您的文档的视频。↵

为使您的文档具有专业外观，Word 提供了页眉、页脚、封面和文本框设计，这些设计可互为补充。例如，您可以添加匹配的封面、页眉和提要栏。单击“插入”，然后从不同库中选择

第 3 类：浮动型

这种类型的图片已经脱离了段落文字的排版，无论怎么移动图片，文字排版不会受到任何影响。

这种类型的图片包含两种浮动形式。

1. 衬于文字下方：在文字下方衬底作为背景。

视频提供了功能强大的方法帮助您证明您的观点。当您单击联机视频时，可以在想要添加的视频的嵌入代码中进行粘贴。您也可以键入一个关键字以联机搜索最适合您的文档的视频。↵
为使您的文档具有专业外观，Word 提供了页眉、页脚、封面和文本框设计，这些设计可互为补充。例如，您可以添加匹配的封面、页眉和提要栏。单击“插入”，然后从不同库中选择所需元素。例如，您可以添加匹配的封面、页眉和提要栏。单击“插入”，然后从不同库中选择所需元素。↵

2. 浮于文字上方：浮在文字的上方遮盖文字。

视频提供了功能强大的方法帮助您证明您的观 当您单击联机视频时，可以在想要添加的视频的嵌入代码中进行粘贴。您也可 联机搜索最适合您的文档的视频。↵
为使您的文档具有专业外观，Wor 面和文本框设计，这些设计可互为补充。例如，您可以添加匹配 页眉和提要 “插入”，然后从不同库中选择所需元素。例如，您可以添加四 面、页眉和提要 击“插入”，然后从不同库中选择所需元素。↵

02 文档中图片对齐方式不统一，如何批量对齐所有的图片?

文档中插入了很多图片，但是当我们想要对齐这些图片时，能不能不一个个手动调整，直接批量实现对齐呢?

注意

以下操作仅适用于嵌入型图片。

1 按快捷组合键【Ctrl+H】打开【查找和替换】对话框，在【查找内容】输入框中输入“^g”，单击【更多】按钮。

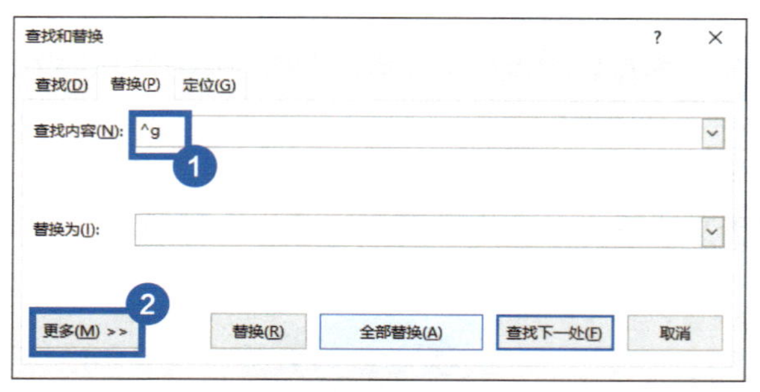

2 将光标定位在【替换为】的输入框中，单击左下角的【格式】按钮，选择【段落】选项。

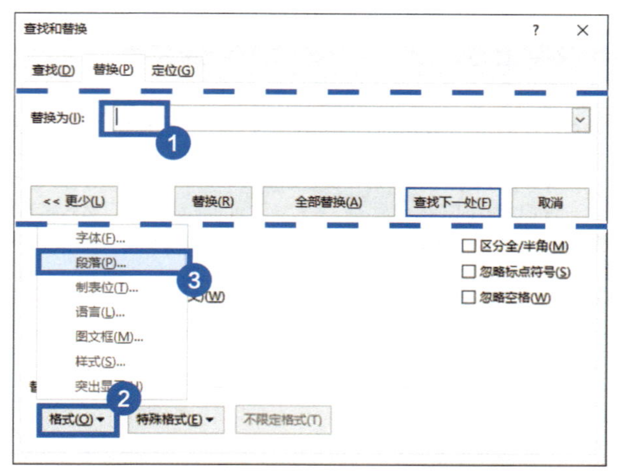

3 在弹出的【查找段落】对话框中，将【缩进和间距】选项卡中的【对

齐方式】修改为【居中】，单击【确定】按钮关闭对话框。

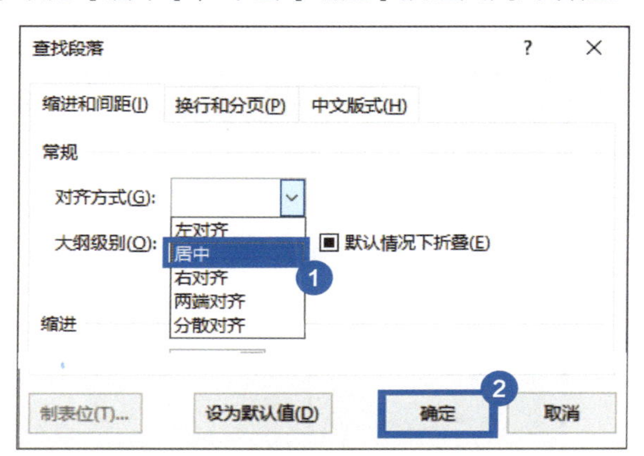

4 此时在【查找和替换】对话框中，可以发现【替换为】输入框下，出现了“居中，不允许文字在单词中间换行”的格式，直接单击【全部替换】按钮即可完成所有图片的居中。

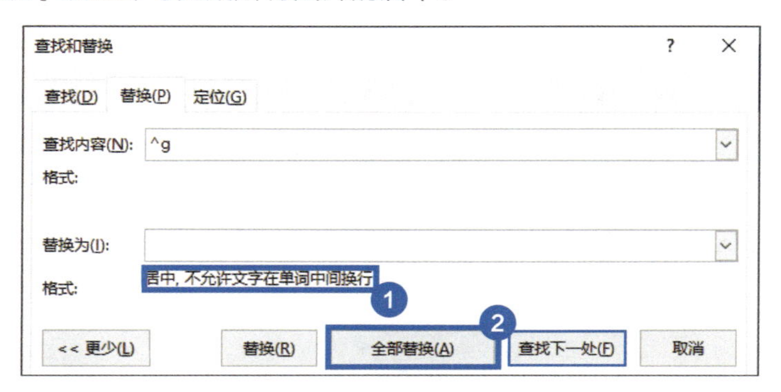

03 如何将图片位置固定，不随文字移动?

在文档中插入图片后，如果之后需要修改图片前的文本，图片的位置也会发生变化，那么如何才能让图片固定在文档中特定的位置，而不受文本内容的影响呢?

1 选中图片之后，在【图片格式】选项卡的功能区中单击【环绕文字】

图标，在菜单中任意选择一个非嵌入型的环绕类型，如【穿越型环绕】。

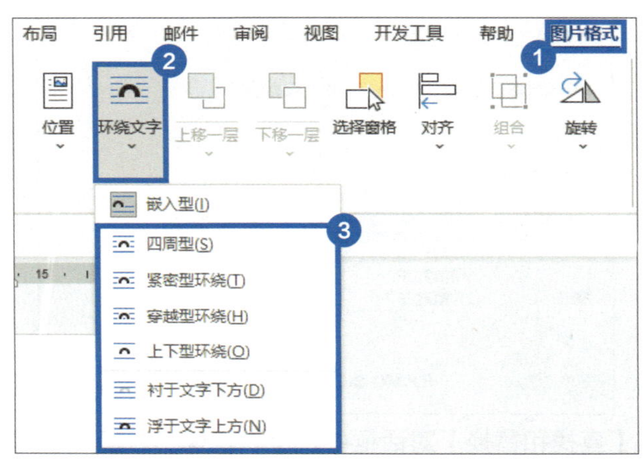

2 再次单击【环绕文字】按钮下方的下拉按钮，勾选【在页面上的位置固定】复选项即可实现图片固定在特定位置。

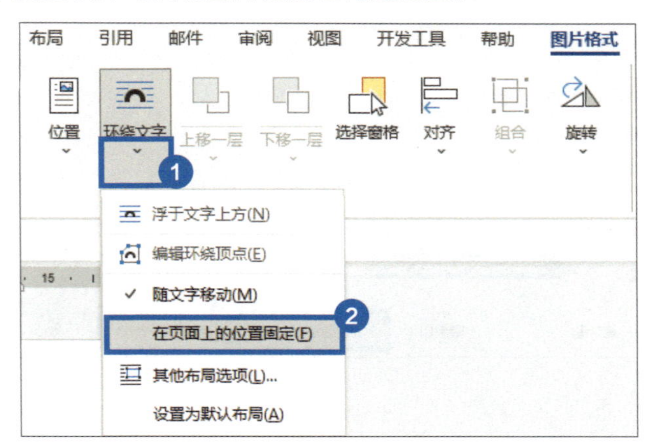

04 如何快速完成多图排版？

我们在制作 Word 文档时，有时候需要制作多张图片的创意排版，别担心，Word 也可以像 PPT 那样快速做出好看的多图片排版效果。

1 选中图片之后，在【图片格式】选项卡的功能区中单击【环绕文字】图标，在展开的菜单中选择【浮于文字上方】命令。重复该操作将其他图片均设置为相同类型。

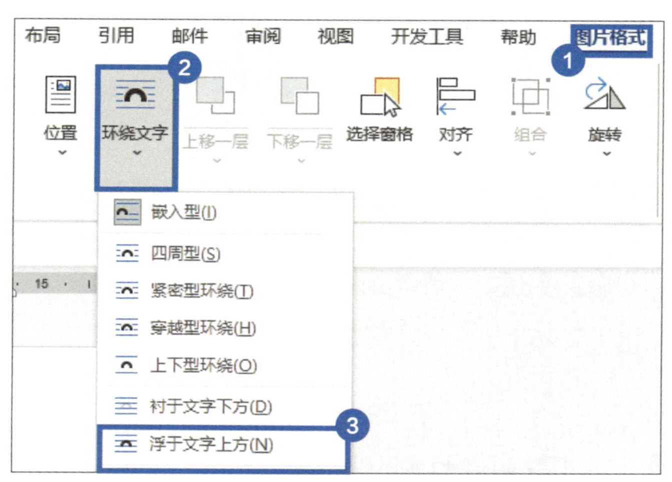

2 按住【Ctrl】键，单击图片进行多选操作。

3 在【图片格式】选项卡的功能区中单击【图片版式】图标，在展开的菜单中选择一种合适的版式。

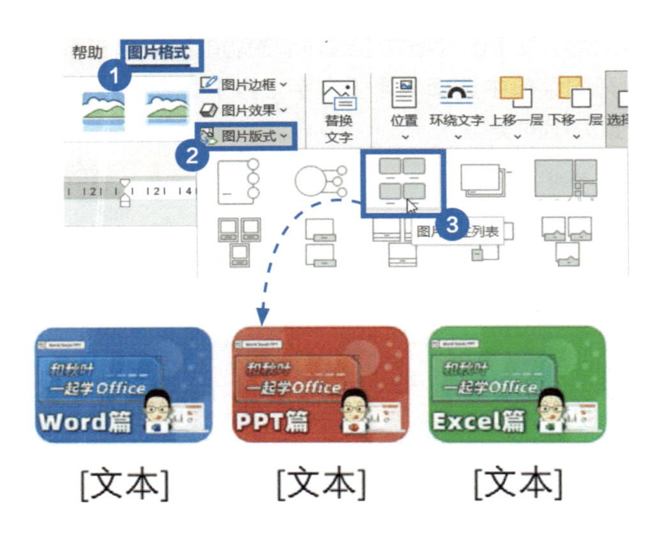

6.2 图片的美化与调整

光是了解图片的插入与位置设置还不行，想要让图片为文档添彩，还需要掌握图片的美化和参数调整，本节我们就来好好学习一下。

01 文件签字要电子版，如何把手写签名放到文档中？

我们经常用 Word 编辑合同等，这些文档都需要签名。如果直接把手写签名添加到文档中，就可以不用打印之后再签字了，那具体该如何操作呢？

1 在【插入】选项卡的功能区中，单击【图片】图标，在菜单中选择【此设备】命令。在弹出的【插入图片】对话框中选择准备好的手写签名图，单击【插入】按钮。

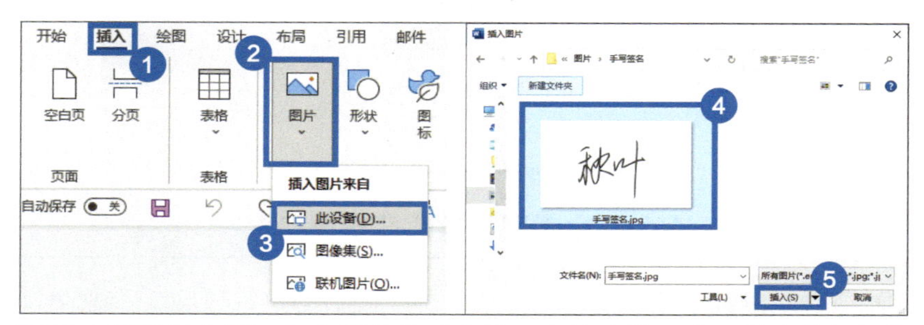

2 选中手写签名图，在【图片格式】选项卡的功能区中，单击【颜色】图标，在菜单中选择【设置透明色】命令，待鼠标指针变成笔的形状后单击图片背景处，即图片底色被去除。

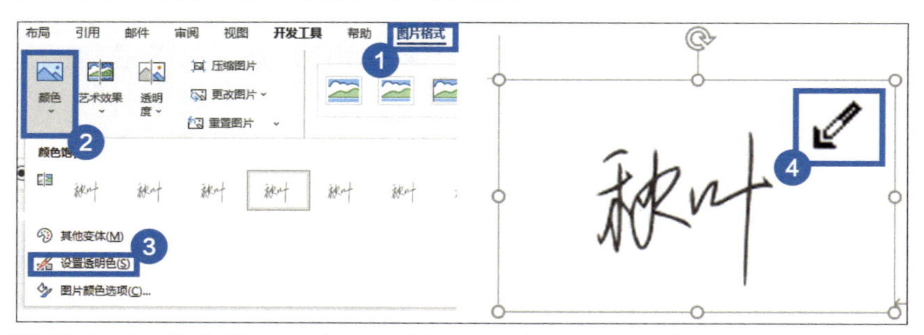

3 选中手写签名图，单击鼠标右键，在菜单中选择【文字环绕】-【浮于文字上方】命令，拖动图片到签名处并调整图片大小。

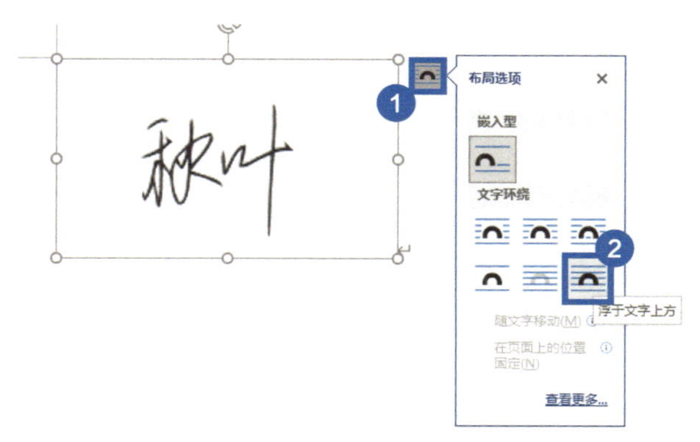

完成效果如下图所示。

签名：秋叶

02 如何在 Word 中实现证件照背景更换？

用 Word 做简历、报名表都需要贴证件照，有时候对背景色还有不同的要求。我们说起更换照片背景色，首先想到的一定是 Photoshop，其实 Word 也可以，让我们来试试吧。

1 在【插入】选项卡的功能区中，单击【图片】图标，在菜单中选择【此设备】命令，在弹出的【插入图片】对话框中选择证件照，单击【插入】按钮。

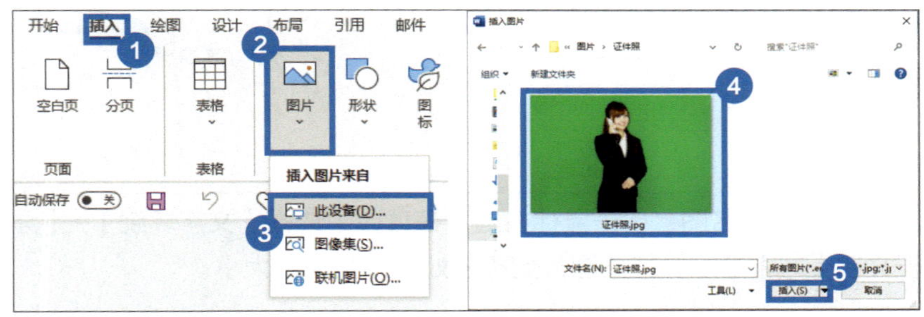

2 选中证件照，在【图片格式】选项卡的功能区中，单击【删除背景】图标进入【背景消除】对话框。

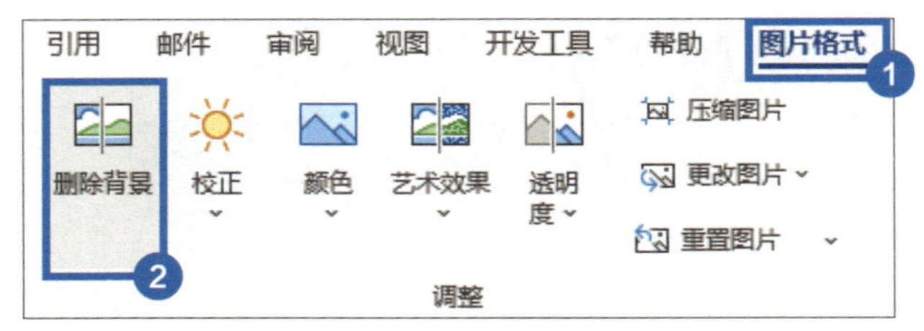

3 通过【标记要保留的区域】和【标记要删除的区域】图标对区域进行调整，单击【保留更改】图标，即完成人物抠图。

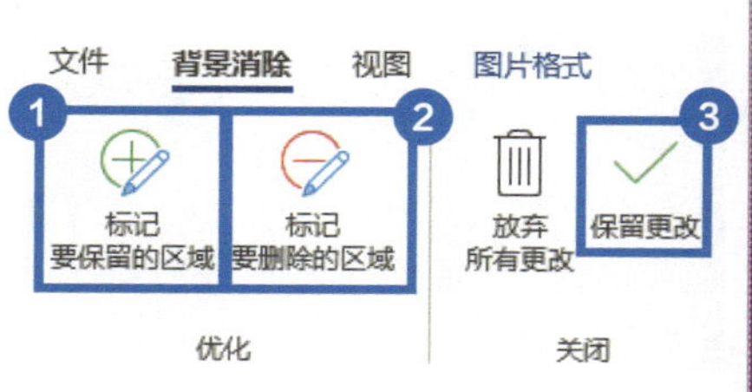

4 选中图片后单击鼠标右键，在弹出的菜单中选择【设置图片格式】命令，在【设置图片格式】窗格中切换到【填充与线条】组，选择【纯色填充】，并根据需要设置颜色，即完成图片背景色填充。

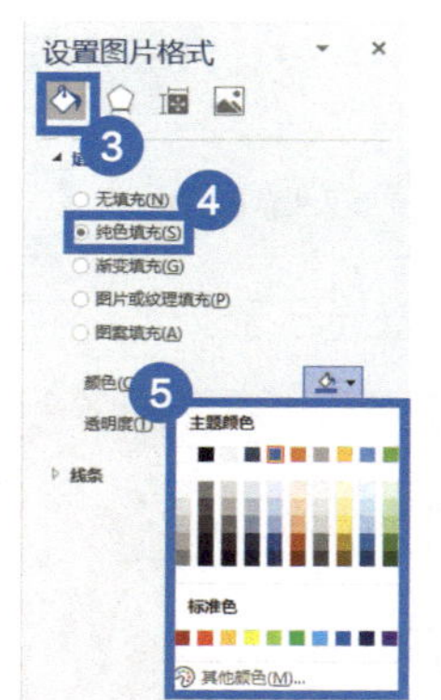

03 插入图片后显示不完整，如何让其完整显示?

在 Word 文档中插入图片时，有时候图片只能显示出一部分，如何调整才能让图片完整显示呢?

这个问题很简单，由于行距被设置为固定值，导致插入的嵌入型图片只能显示一部分，可以通过调整行间距的方法来完整显示图片。

1 选中图片后，在【开始】选项卡的功能区中单击【段落】组右下角的扩展按钮。

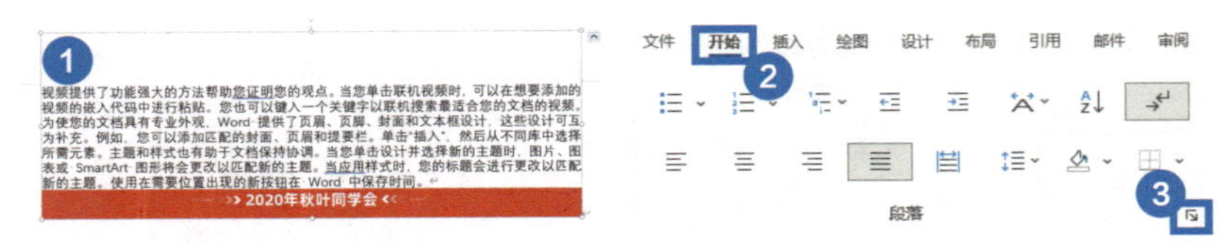

2 在弹出的【段落】对话框中，切换到【缩进和间距】选项卡，把【行距】设置为【单倍行距】，单击【确定】按钮。

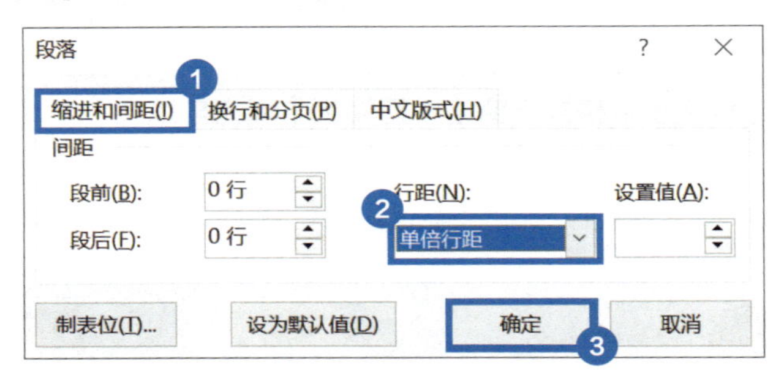

这样图片就可以完整显示了。

04 文档中图片宽度不统一，如何批量统一图片宽度?

当 Word 文档中有多张不同大小的图片时，为了排版美观，需要将所有图片调整成统一的尺寸。如果一张张手动处理，非常不便，有没有快速批量统一图片尺寸的方法呢?

快速统一图片尺寸要用到 Word 的宏功能。

1 在【开发工具】选项卡的功能区中单击【宏】图标。

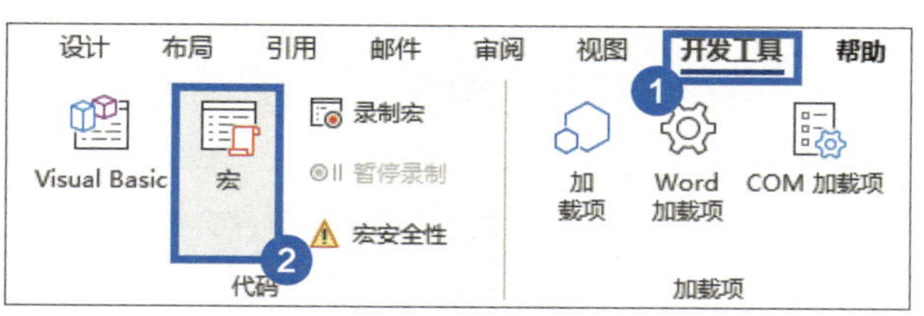

2 在弹出的【宏】对话框中修改【宏名】为“批量调整图片大小”，单击【创建】按钮。

3 清空弹出对话框中右侧的内容。

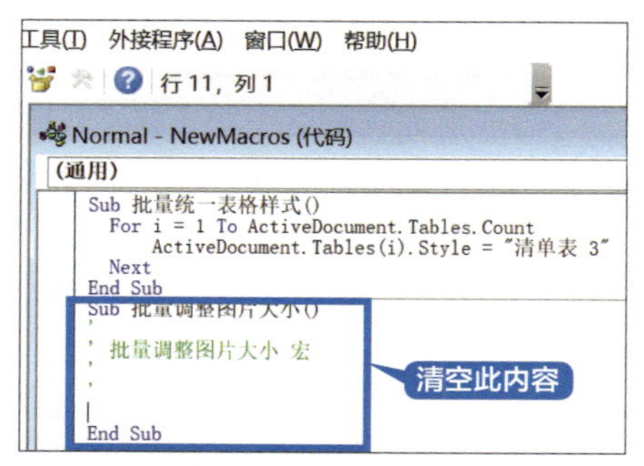

4 复制粘贴如下 VBA 代码到被清空的位置，并关闭窗口（代码在本书的配套资源中提供）。

```
Sub 批量调整图片大小 ()
Dim n
On Error Resume Next
  For n = 1 To ActiveDocument.InlineShapes.Count
    ActiveDocument.InlineShapes(n).Width =CentimetersToPoints(15)
```

```
' 设置图片宽度为15cm，括号内数字可改变，高度会等比例调整
  Next n
  For n = 1 To ActiveDocument.Shapes.Count
  ActiveDocument.Shapes(n).Width =CentimetersToPoints(15)
' 设置图片宽度为15cm，括号内数字可改变，高度会等比例调整
  Next n
End Sub
```

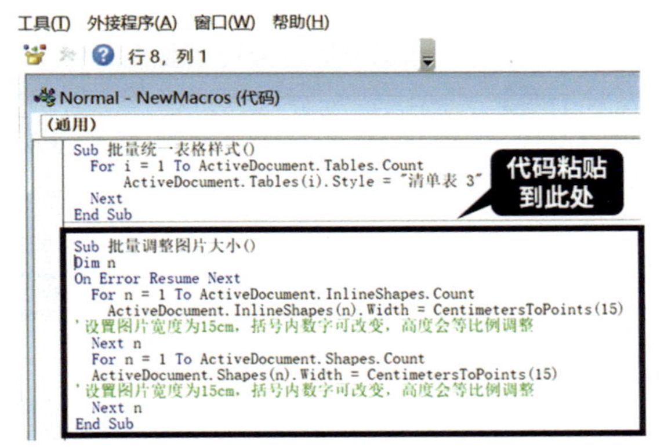

5 再次在【开发工具】选项卡的功能区中单击【宏】图标，在弹出的【宏】对话框中选择【批量调整图片大小】选项，并单击【运行】按钮即可快速统一图片宽度。

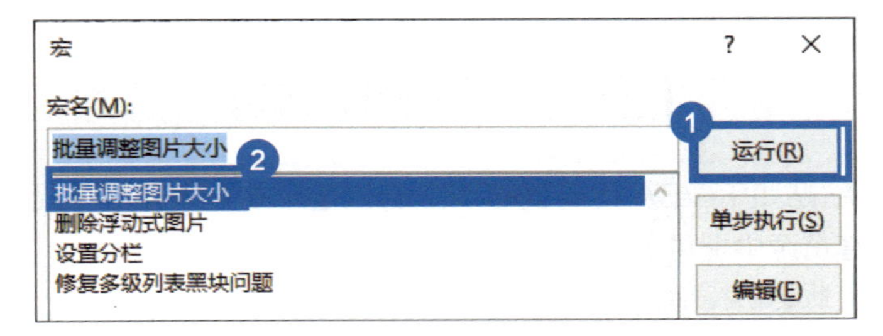

注意

默认设置图片宽度为15cm，括号内的数字可根据需要进行更改，图片高度会等比例调整。

05 图片形状和比例都不合适，如何将图片裁剪为正多边形？

在 Word 里图片可以被裁剪为特定形状，如多边形，那如何将图片裁剪为正多边形呢？

1 选中图片，在【图片格式】选项卡的功能区中单击【裁剪】图标，在菜单中选择【纵横比】-【1:1】命令。图片将被裁剪为正方形。

2 在【图片格式】选项卡的功能区中单击【裁剪】图标，在菜单中选择【裁剪为形状】，在弹出的面板中选择需要的多边形。以下图为例，选择【五边形】。

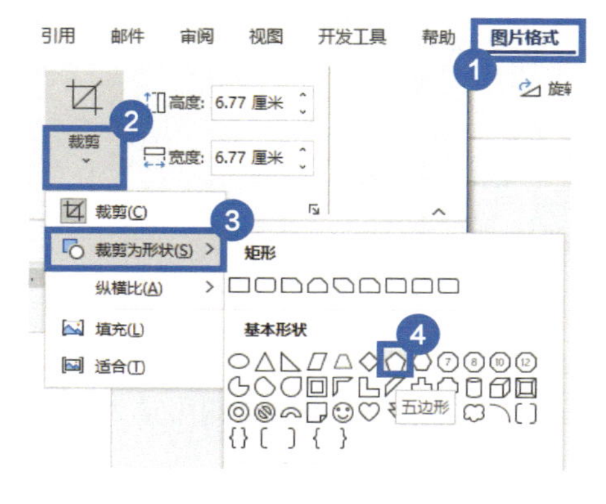

6.3 图形的插入与排版

图形作为简化的图片，可以通过不同形状间的组合拼接得到丰富多样的图案效果，而且可以独立于文档正文承载文字信息，本节将重点介绍图形的插入、对齐及自由排版。

01 如何绘制正多边形和水平 / 垂直的线条?

在文档中绘制流程图的时候，经常需要插入一个正多边形或线条，该怎么办?

1. 绘制正多边形

1 在【插入】选项卡的功能区中单击【形状】图标，在弹出的菜单中选择一个正多边形命令（如矩形）。

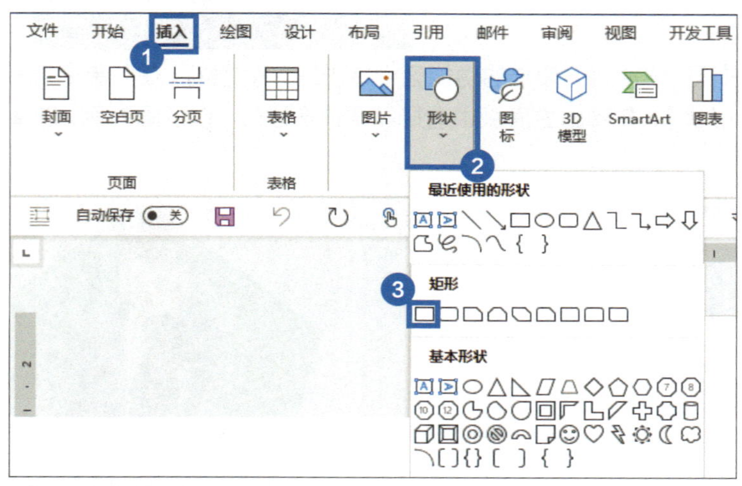

2 按【Shift】键的同时按住鼠标左键，在页面区域拖动即可插入正多边形。

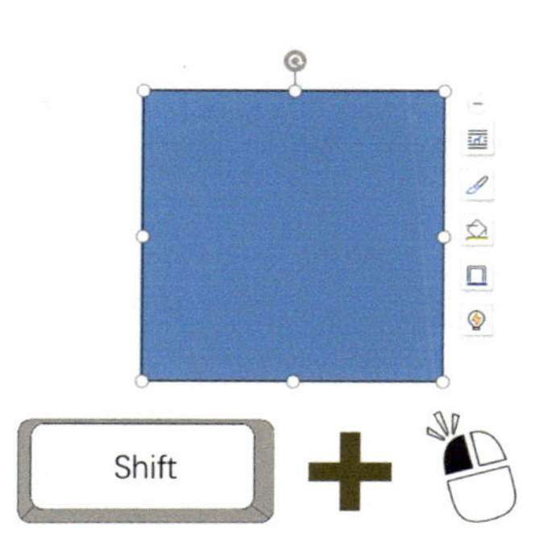

2. 绘制垂直 / 水平线条

1 在【插入】选项卡的功能区中单击【形状】图标，在弹出的菜单中选择【直线】命令。

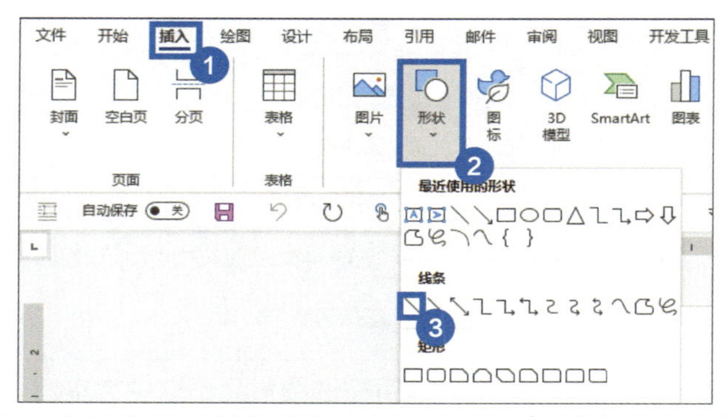

2 按【Shift】键的同时按住鼠标左键，在页面区域水平方向拖动即可插入水平直线，在垂直方向拖动即可插入垂直直线。

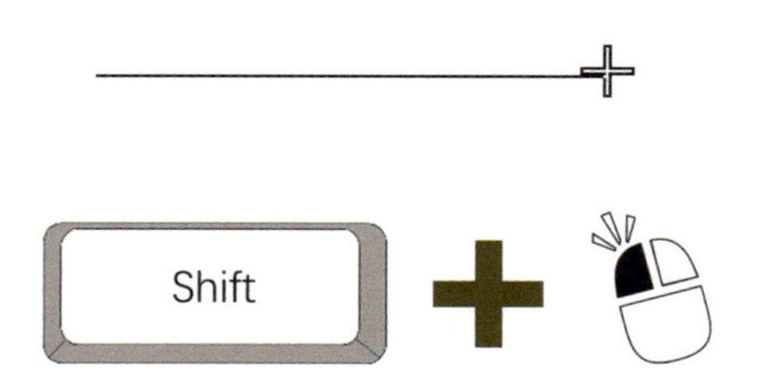

02 文档中无法正常框选元素，那么该如何快速选中元素？

想要对 Word 中的图形进行更改，可是中间隔着许多文字，怎么才能在不选中文本的情况下选中所有的图形呢？

1 在【开始】选项卡的功能区中单击【选择】图标，在弹出的菜单中选择【选择对象】命令。

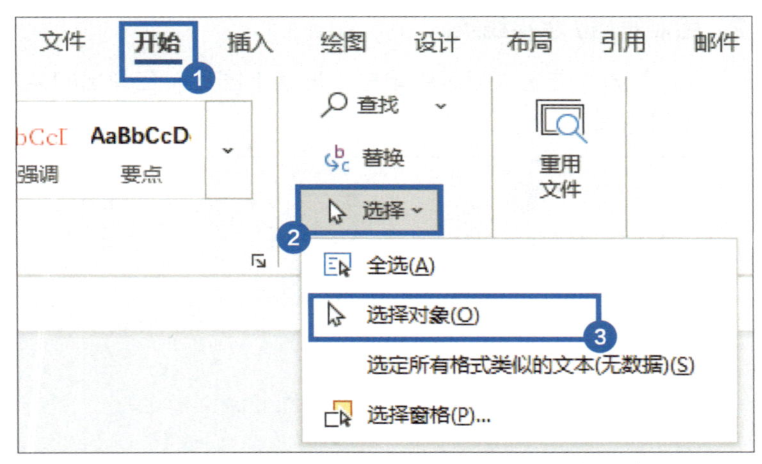

2 按住鼠标左键拖曳出选框，即可框选图形而不选中文本。

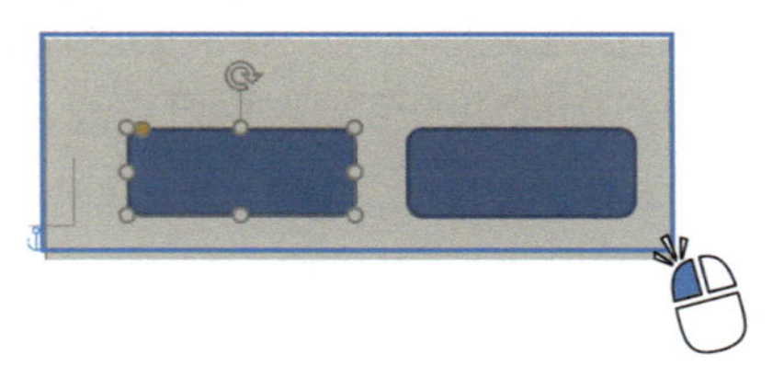

03 移动元素太麻烦了，怎样才能自由地移动元素呢？

在 Word 中插入的图片和形状有很多限制，很难自由移动。怎么才能够解除这种限制，从而实现元素的自由排版呢？

1 在【插入】选项卡的功能区中单击【形状】图标，在弹出的菜单中选择【新建画布】命令，此时光标所在位置会新建一张画布。

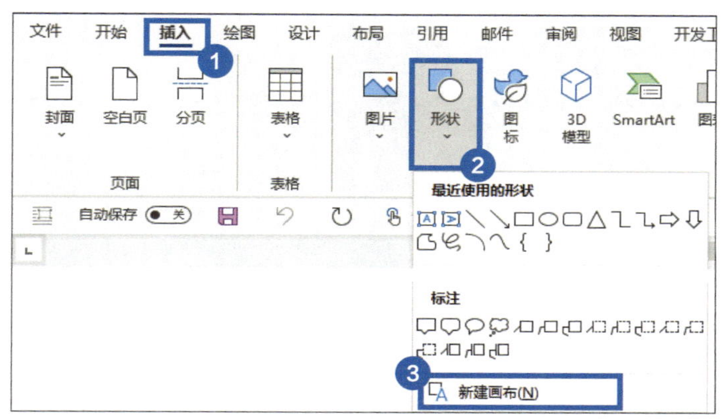

2 单击选中画布，在【插入】选项卡的功能区中单击【形状】或【图片】图标，即可在画布中插入图片或形状。

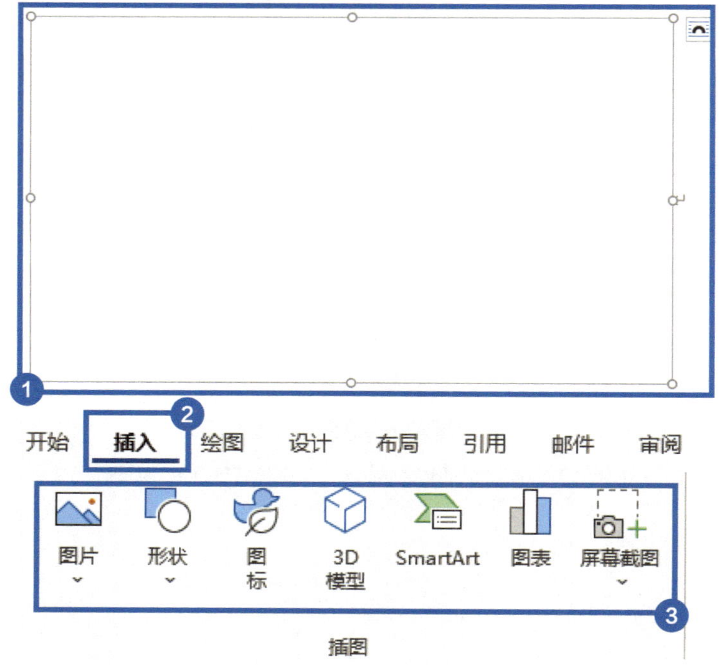

在画布中的图片或形状，可以自由地移动和排版。

和秋叶一起学

秒懂Word

第 7 章 文档中的表格

用 Word 制作的文档类型中除了常规的文本型文档之外，常见的就是借助 Word 的表格功能制作的表格型文档，如入职申请表、个人简历、员工信息表等。但是如果没有掌握表格的绘制和格式调整方法，表格将会为排版带来很多麻烦。

扫码回复关键词“秒懂 Word”，下载配套操作视频

7.1 表格的绘制与美化

表格作为文档的重要组成部分，除了可以很直观地呈现数据之外，又因其自带框线，且可以自由调整框线位置而成为文档中规整排版的宠儿，本节主要介绍如何更好地绘制出美观实用的表格。

01 纯文字信息，如何将它们转换为表格？

我们有时需要将某一段文本以表格的形式呈现出来，如果先插入一个表格，然后再将文字逐一复制粘贴到表格中，费时又费力。如何把文本直接转换为表格呢？

1 需要转换的段落文本之间需以段落标记、逗号、空格、制表符或其他字符隔开，如下图所示。

姓名,性别,部门
秋小 P,女,运营部
秋小 E,男,市场部
秋小 W,男,财务部

2 选中需要转换的文本，在【插入】选项卡的功能区中单击【表格】图标，选择【文本转换成表格】命令。

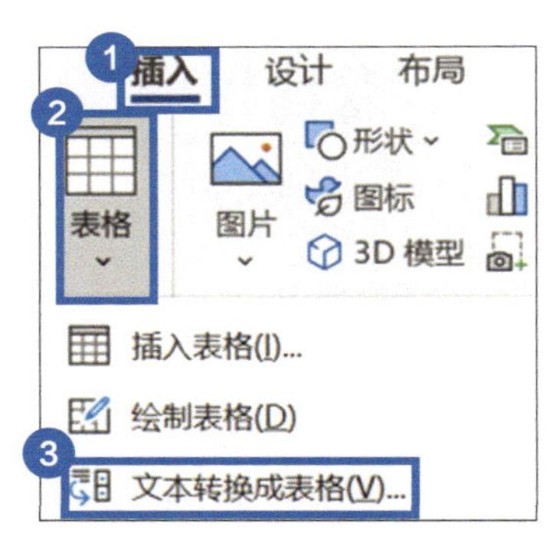

3 在弹出的【将文字转换成表格】对话框中，将【文字分隔位置】设置为文本中的分隔符，确认【列数】（行数会随之改变）符合预期后单击【确定】按钮。

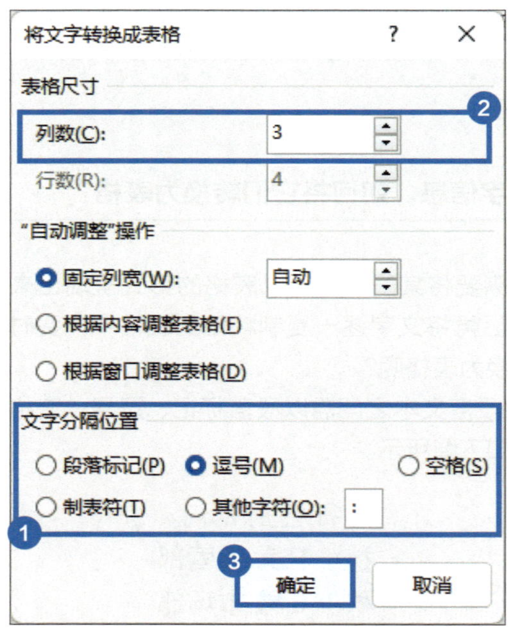

通过以上操作即可快速将文字转换为表格。

姓名	性别	部门
秋小 P	女	运营部
秋小 E	男	市场部
秋小 W	男	财务部

02 如何快速绘制斜线表头？

我们在做表格时经常需要绘制斜线表头，那该如何操作呢？斜线表头通常分为两类，单斜线表头和多斜线表头。

1. 单斜线表头

1 将光标定位到要绘制表头的单元格中，在【表设计】选项卡的功能区中单击【边框】图标，选择【斜下框线】命令。

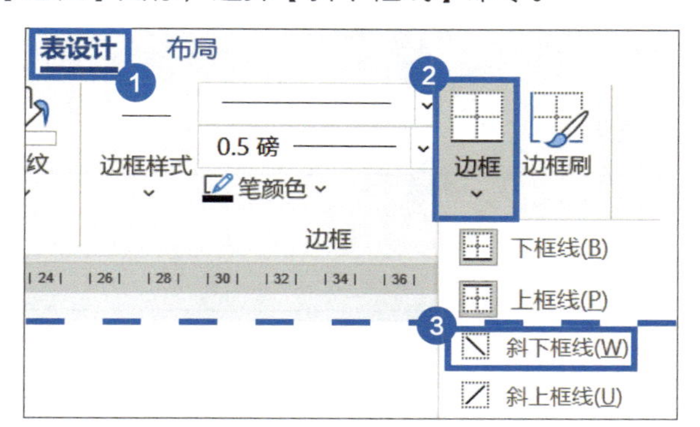

2 在单元格中输入表头文本，按【Enter】键换行后，为第一行文字设置左对齐，为第二行文字设置右对齐。

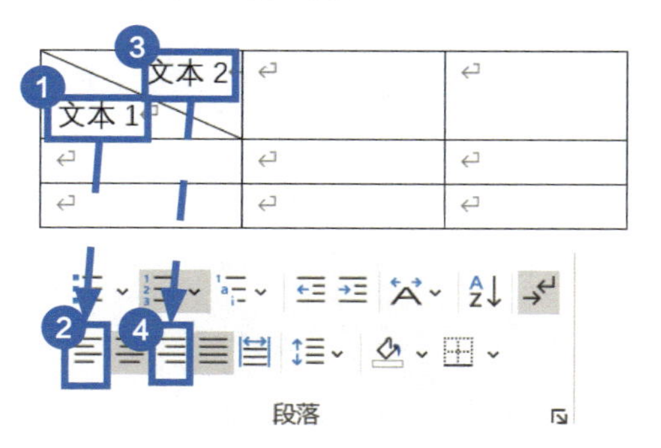

2. 多斜线表头

1 在【插入】选项卡的功能区中单击【形状】图标，选择【直线】命令，在单元格中画出两条斜线。

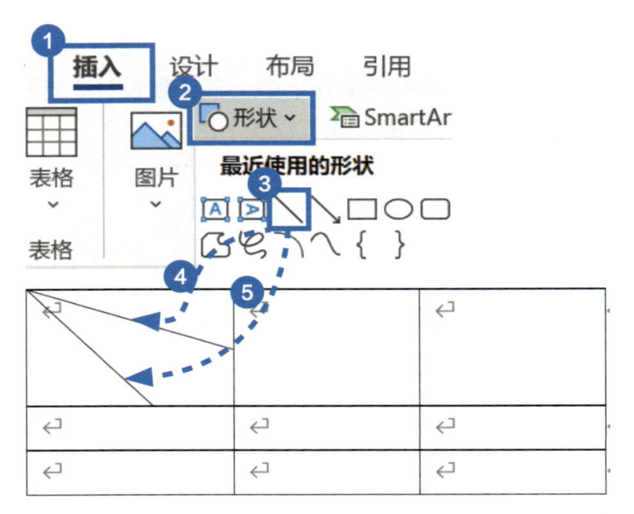

2 在【插入】选项卡的功能区中，单击【文本框】图标，选择【简单文本框】命令，插入三个文本框。

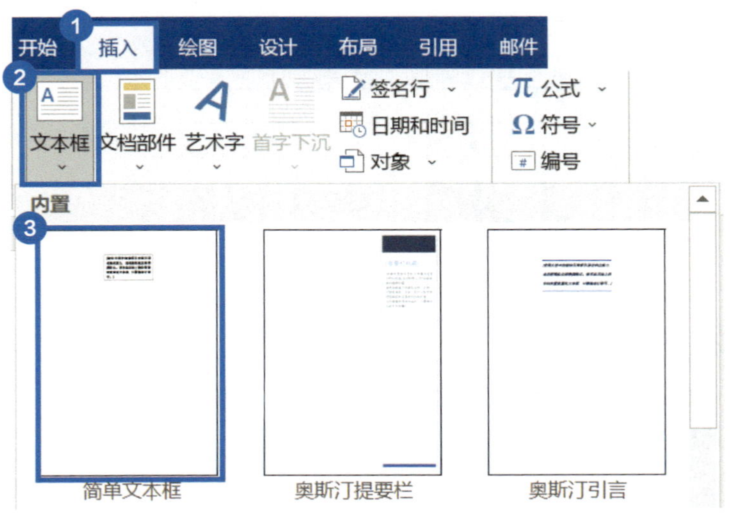

3 在【形状格式】选项卡的功能区中单击【形状填充】图标，选择【无填充】命令，单击【形状轮廓】图标，选择【无轮廓】命令，然后把文本框调整到合适位置。

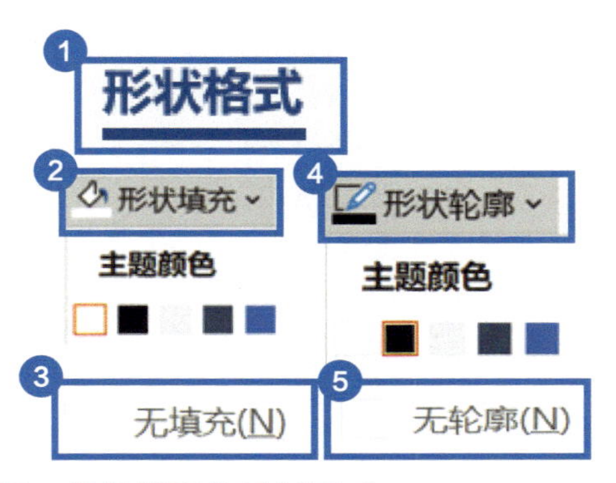

如下图所示，多斜线表头绘制完成。

文本 3 文本 2 文本 1		

03 如何统一文档中的表格样式？

当Word文档里有多张表格时，统一的表格样式可以使文档更整齐，那么该如何批量操作呢？

批量统一表格样式需要利用 Word 的宏功能。

1 在【开发工具】选项卡的功能区中单击【宏】图标。

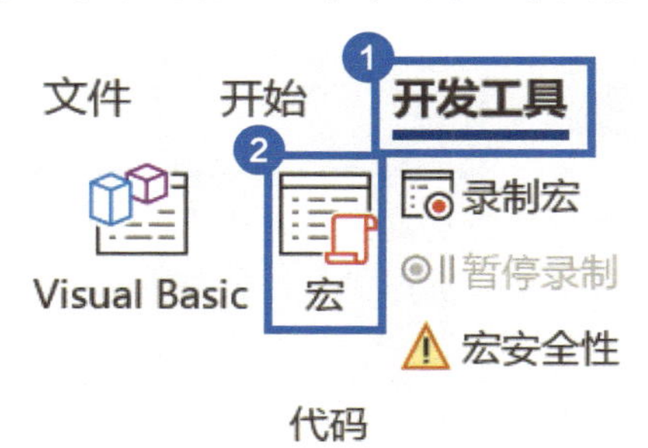

2 在弹出的【宏】对话框中修改【宏名】为“批量统一表格样式”，单击【创建】按钮。

3 清空弹出对话框右侧的代码内容。

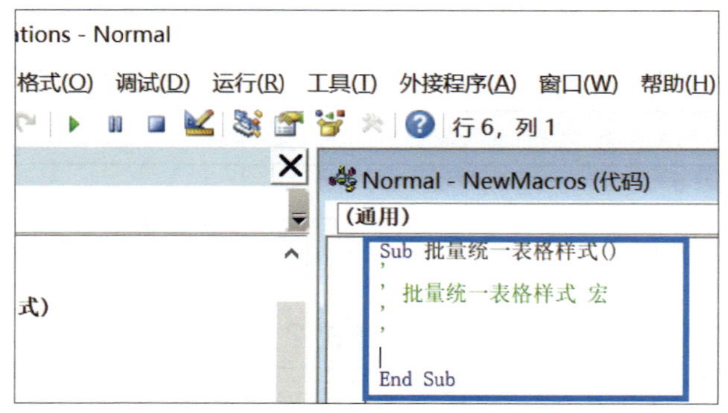

4 复制粘贴如下 VBA 代码到被清空的位置，并关闭窗口。

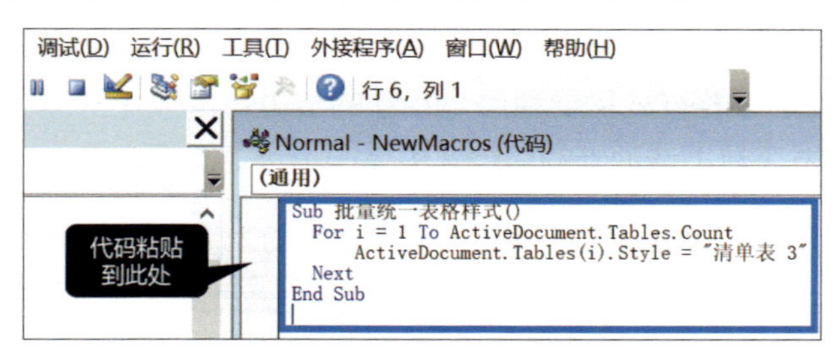

5 在【开发工具】选项卡的功能区中单击【宏】图标，在弹出的【宏】对话框中选择【批量统一表格样式】，单击【运行】按钮。

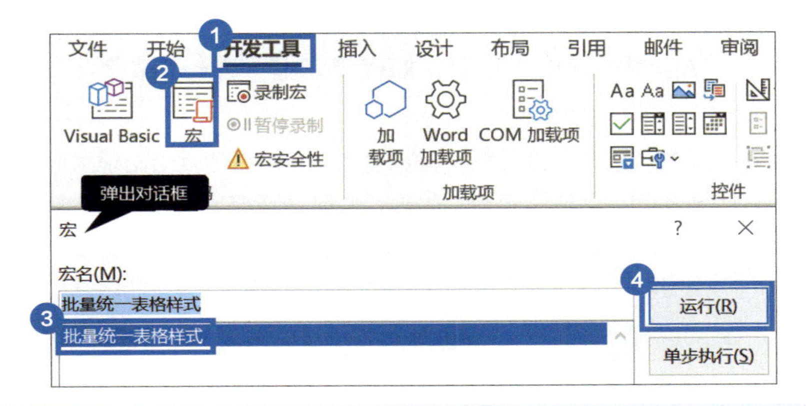

注意

代码中默认的表格样式名称为“清单表 3”，可以根据需要修改表格的样式名称。

把鼠标指针移到【表设计】选项卡中的对应表格样式上可以看到样式名称，也可以右键单击样式后，在弹出的菜单中选择【修改表格样式】命令自定义表格样式。

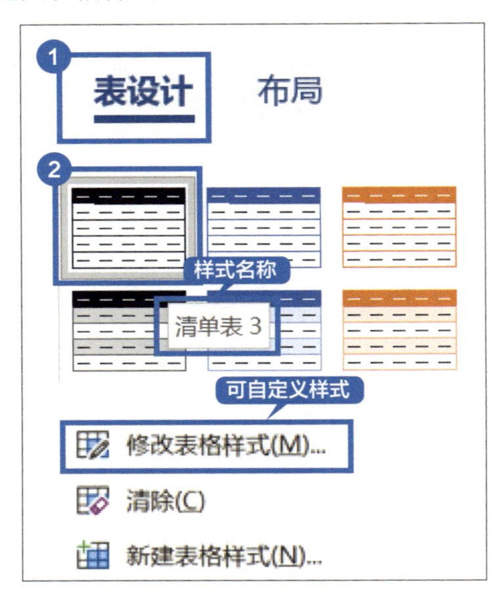

04 文档中的表格太长了，如何将它缩排在一页中？

Word 中遇到较窄的竖长条形的表格，表格右侧就会出现大面积的空白，如何才能将这些空白利用起来，同时让表格显示在一页中呢？

1 在【布局】选项卡的功能区中单击【栏】图标，根据表格的宽度在弹出的菜单中选择合适的栏数。

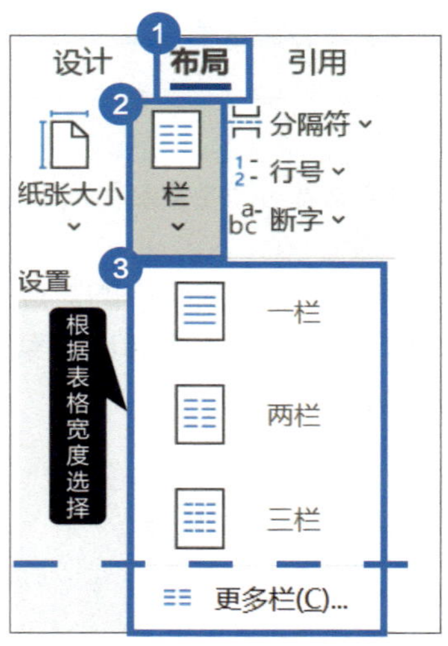

2 选择表格的标题行，在【布局】选项卡的功能区中单击【重复标题行】图标。

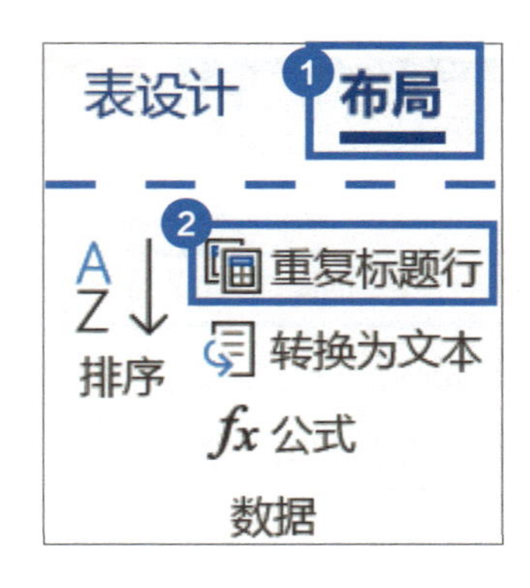

如下图所示，过长的表格就被分栏显示在一页上。

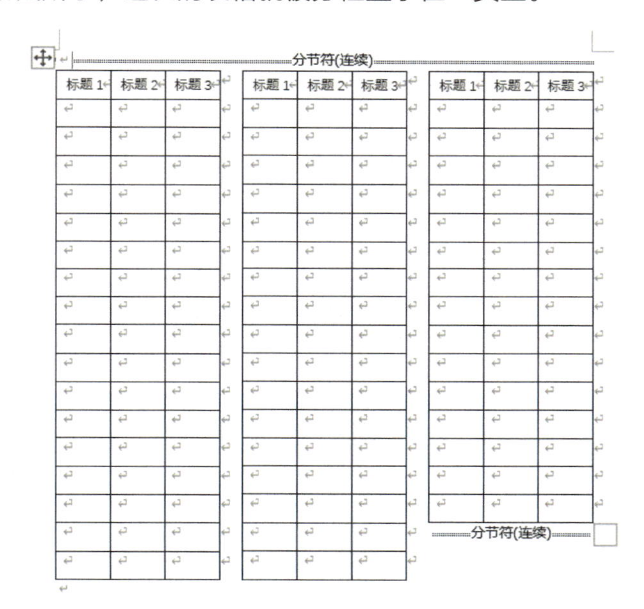

05 文档中表格太宽，超出页面范围怎么办?

Word 文档里的表格如果太宽，就会无法看到完整的表格。怎样才能让它在页面中完整显示呢?

扣假/欠班	奖金
0	24500
0	20050
0	9900
0	9600
0	11000
0	10200
0	10700
0	2370

在【布局】选项卡的功能区中单击【自动调整】图标，选择【根据窗口自动调整表格】命令即可。

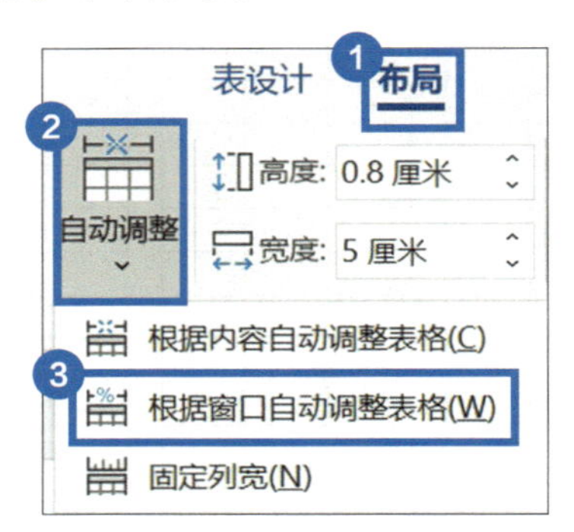

工号	姓名	基础工资	效益工资	职务工资	扣假/欠班	奖金	实发工资
1	宁洋	12000	12500	0	0	24500	49000
2	黄钞麟	9050	11000	0	0	20050	40100
3	莫佚如	4800	5100	0	0	9900	19800
4	汪云鹏	4400	5200	0	0	9600	19200
5	黄奕轩	5000	6000	0	0	11000	22000
6	汪俊杰	4400	5800	0	0	10200	20400
7	周静宜	5200	5500	0	0	10700	21400
8	贲黄然	1000	1370	0	0	2370	4740

7.2 表格属性的调整

绘制了美观实用的表格后，如果不了解表格中单元格的属性对排版效果的影响，很容易出现表格断行、表格框架变形，甚至无法正常输入和显示内容的情况，本节就来教大家如何调整表格属性。

01 如何将 Word 表格复制到 Excel 中且不变形？

在日常工作中，我们经常需要将 Word 表格复制到 Excel 中，但复制、粘贴之后，表格变形，还需要自己调整。如何复制才能保证表格不变形呢?

1 打开 Word 表格文档，在菜单栏中选择【文件】-【另存为】命令，将文档保存为【网页 (*.htm， *.html)】格式。

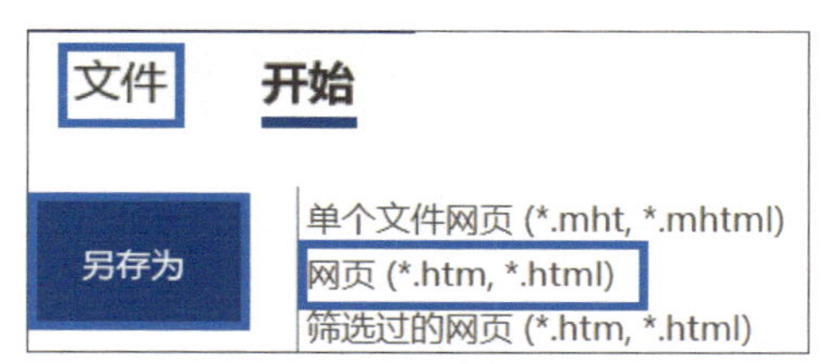

2 打开新建的Excel表格文件，在菜单栏中选择【文件】-【打开】命令，找到并打开刚刚保存的网页文件，并单击【打开】按钮，也可以直接将该网页文件拖进一个打开的 Excel 表格中。

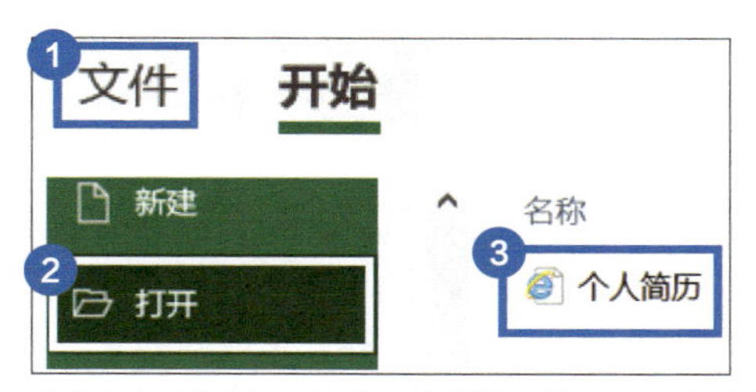

3 按快捷键【F12】打开【另存为】对话框，将文档格式修改为【Excel 工作簿（*.xlsx）】，单击【保存】按钮即可。

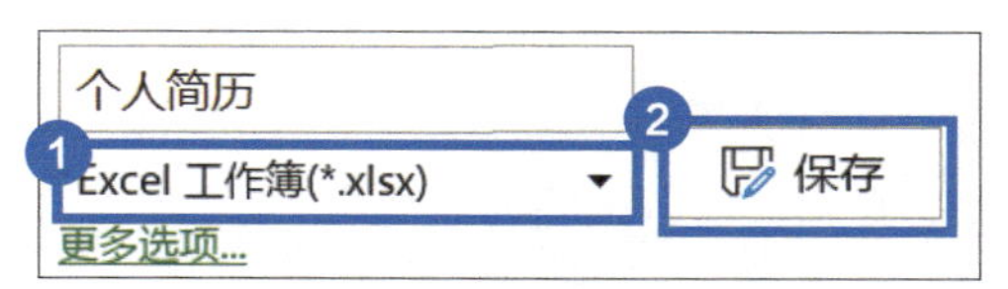

如下图所示，表格被原样复制，且能正常编辑。

	A	B	C	D	E
1					
2	个人简历				
3	姓名:		求职意向:		
4	性别:		工作经验:		
5	年龄:		最高学历:		
6	手机:		籍贯地址:		
7	邮箱:		现居地址:		

02 表格在换页的时候能否自动添加表头?

当 Word 表格的内容多于一页时，为方便查看数据，需要让表头在每一页重复显示，怎么做呢?

选中表格的标题行，在【布局】选项卡的功能区中单击【重复标题行】图标。

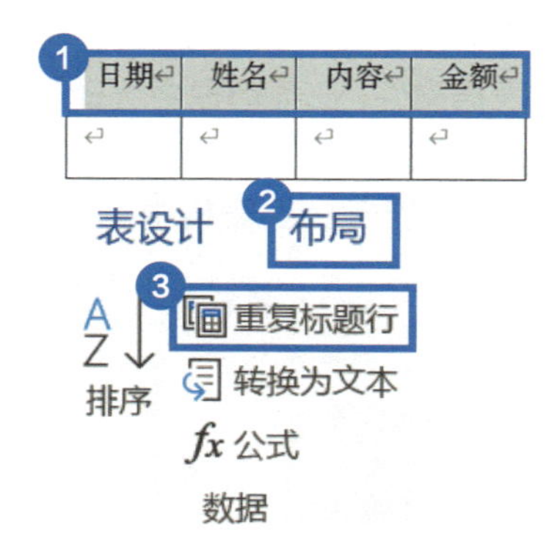

03 为什么表格中一插入图片，单元格就变形?

在 Word 表格中插入图片，如在简历表格中插入照片，单元格会根据图片大小发生变化，那么该如何避免呢?

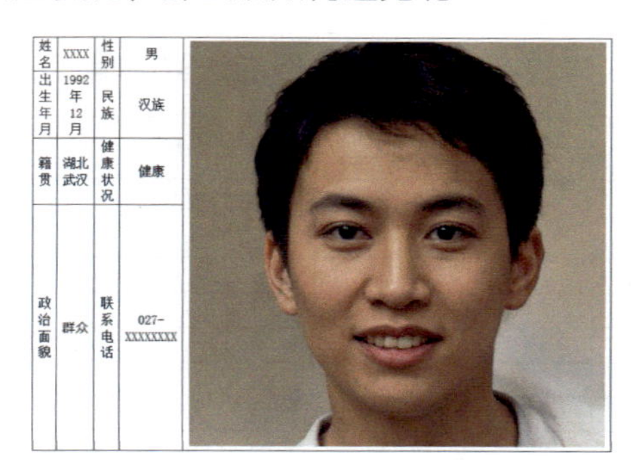

姓名	XXXX	性别	男
出生年月	1992年12月	民族	汉族
籍贯	湖北武汉	健康状况	健康
政治面貌	群众	联系电话	027-XXXXXXXX

1 选中表格，在【布局】选项卡的功能区中单击【单元格边距】图标。

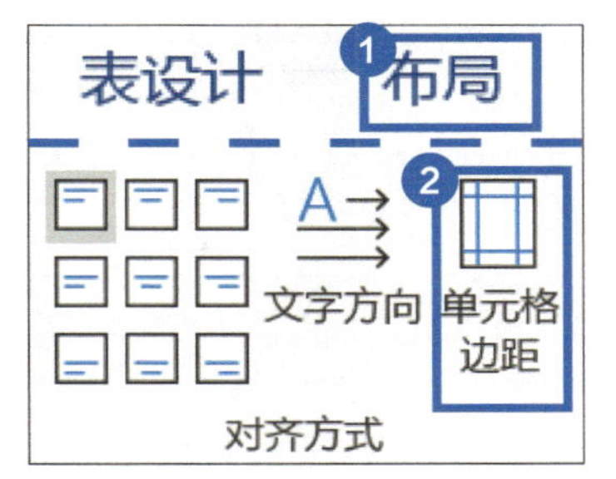

2 在弹出的【表格选项】对话框中取消勾选【自动重调尺寸以适应内容】复选框，单击【确定】按钮即可。

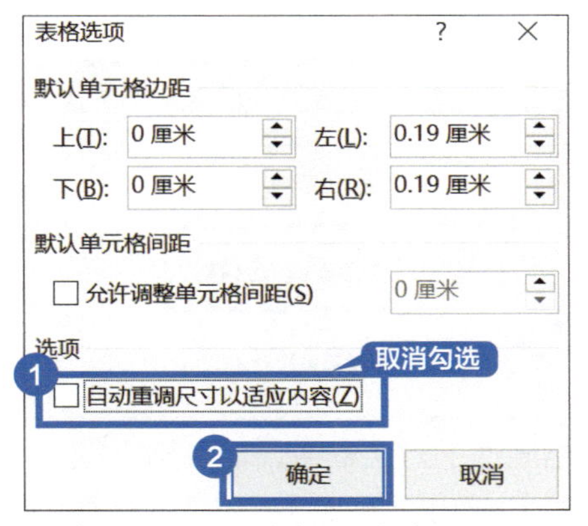

经如上操作后再插入图片，表格不会变形，而是会自动把图片尺寸调整到适合单元格的大小。

姓　　名	XXXX	性　　别	男	
出生年月	1992 年 12 月	民　　族	汉族	
籍　　贯	湖北武汉	健康状况	健康	
政治面貌	群众	联系电话	027-XXXXXXXX	

04 表格内按【Enter】键就跳到下一页，该怎么解决？

有时在 Word 表格内输入内容按【Enter】键换段会自动跳到下一页，这个问题该如何解决呢？

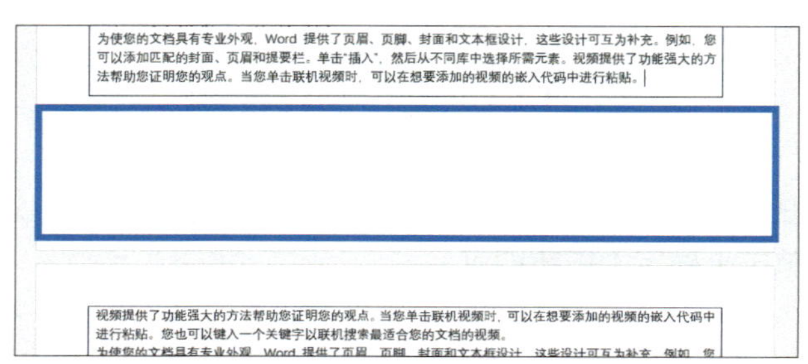

1 选中表格，单击鼠标右键，在弹出的菜单中选择【表格属性】命令。

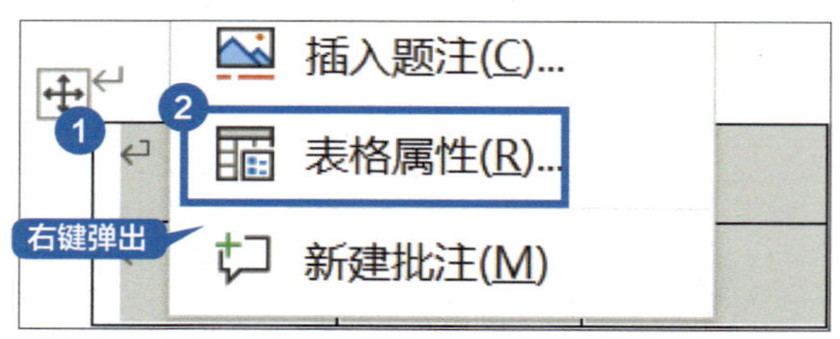

2 在弹出的【表格属性】对话框中，切换到【行】选项卡，勾选【允许跨页断行】复选项，单击【确定】按钮。

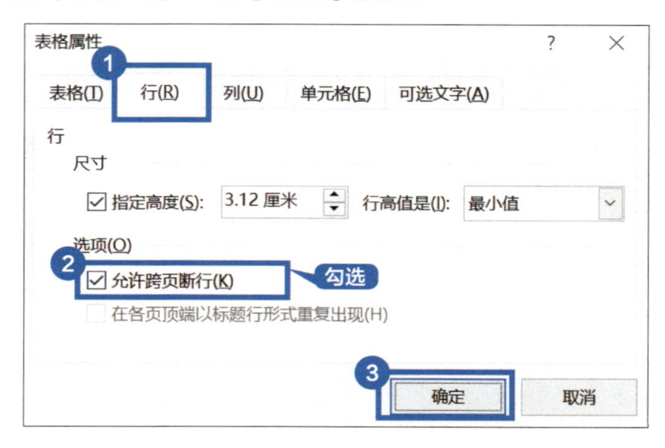

05 表格后面多一页空白页删不掉怎么办?

在绘制 Word 表格时，经常会遇到表格大小刚好一页，但后面多了一个空白页，按【Backspace】键和【Delete】键都无法删除，打印文档也会多出一页白纸，那该怎么解决呢？可尝试以下 3 种方法。

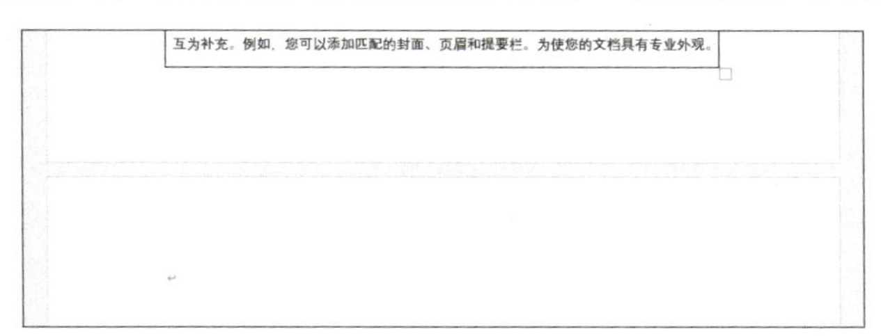

方法 1：调整行间距

1 将光标定位在空白页段落标记的最前端，在【开始】选项卡的功能区中单击【段落】组右下角的扩展按钮。

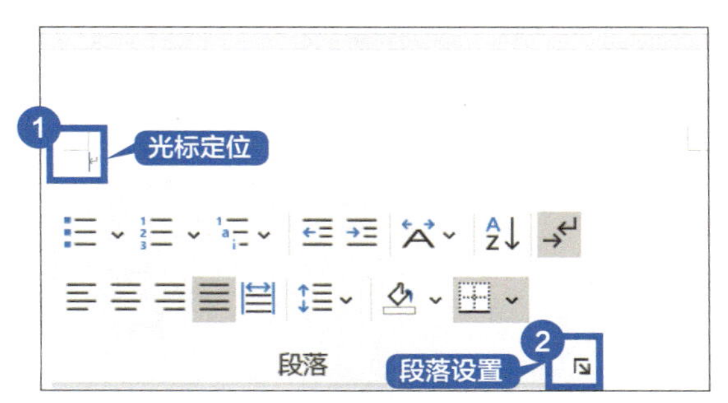

2 在弹出的【段落】对话框中，切换到【缩进和间距】选项卡，设置【行距】为【固定值】，【设置值】为“1 磅”。

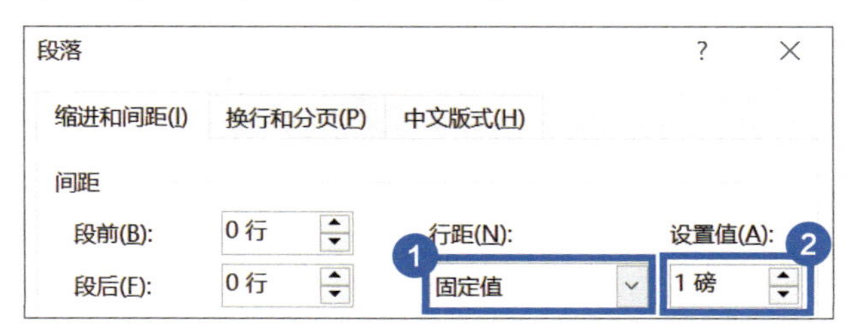

方法 2：隐藏段落标记

1 选中空白页的段落标记，在【开始】选项卡的功能区中单击【字体】组右下角的扩展按钮。

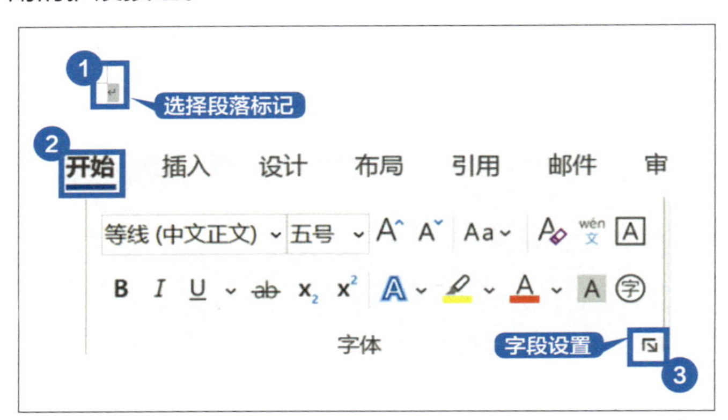

2 在弹出的【字体】对话框中，勾选【效果】组中的【隐藏】复选项。

字体

字体(N)　高级(V)

效果

☐ 删除线(K)　☐ 小型大写字母(M)

☐ 双删除线(L)　☐ 全部大写字母(A)

☐ 上标(P)　☑ 隐藏(H)

☐ 下标(B)

3 若空白页没有消失，可以在【开始】选项卡的功能区中单击【显示/隐藏编辑标记】图标，当其没有灰色底纹时空白页就会自动隐藏。

方法 3：调整页边距

1 在【布局】选项卡的功能区中单击【页边距】图标，在菜单中选择【自定义页边距】命令。

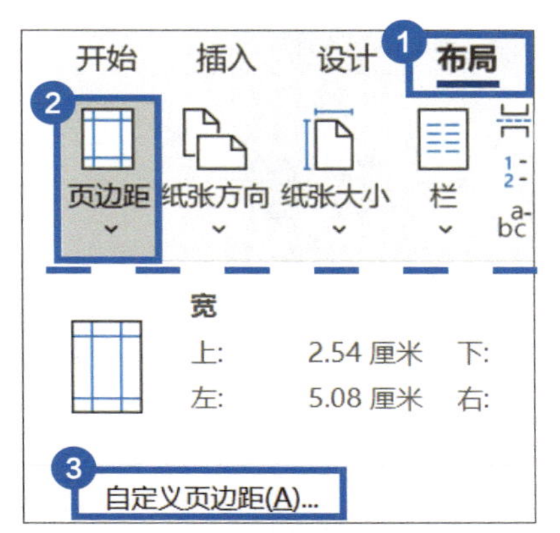

2 在弹出的对话框中将【页边距】的【下】边距数值适当调小即可。

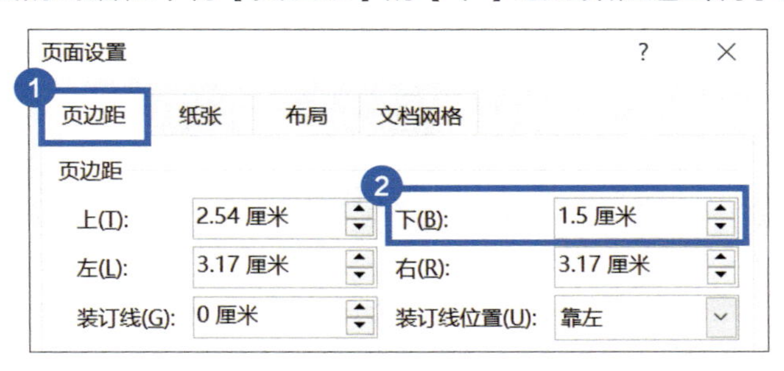

第 8 章 文档目录与题注

目录作为一份长文档的重要组成部分，起到的是提纲挈领的作用，也便于读者快速了解整篇文档的结构。重要的图片表格，也都需要使用题注来标注序号和名称。

扫码回复关键词“秒懂 Word”，下载配套操作视频

8.1 目录的生成与自定义

在 Word 软件中提供了多种创建目录的方式，既可以手动编写也可以根据大纲级别的设置自动生成，甚至还可以自定义目录，本节将介绍如何创建目录，以及如何自定义目录格式。

01 Word 可以自动生成目录吗?

要快速地给文档做一个目录，可是几十个标题手动输入太慢了，怎么才能自动生成目录呢?

> **注意**
>
> 生成目录前，文档标题需要先应用标题样式。

1 在【引用】选项卡的功能区中单击【目录】图标。

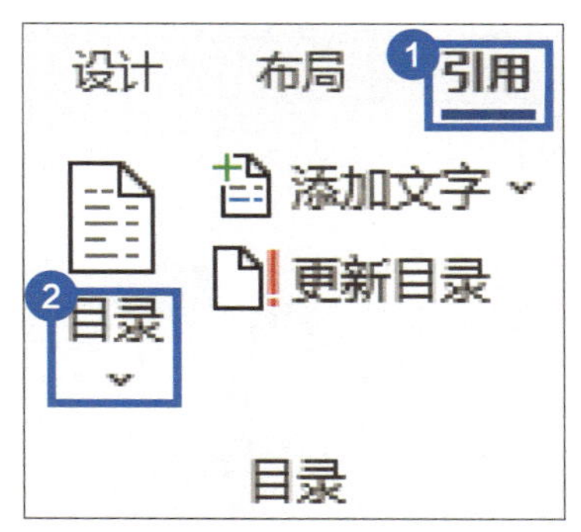

2 在弹出的菜单中选择【自动目录 1】命令或【自动目录 2】命令即可。

内置

自动目录 1

目录

标题 1..........1

标题 2..........1

标题 3..........1

自动目录 2

目录

标题 1..........1

标题 2..........1

标题 3..........1

02 如何设置自动生成目录的显示级别?

自动生成目录真的又快又好，可是默认生成的目录只显示3个级别，想要显示多个级别的标题应该怎么办?

1 在【引用】选项卡的功能区中单击【目录】图标，在菜单中选择【自定义目录】命令。

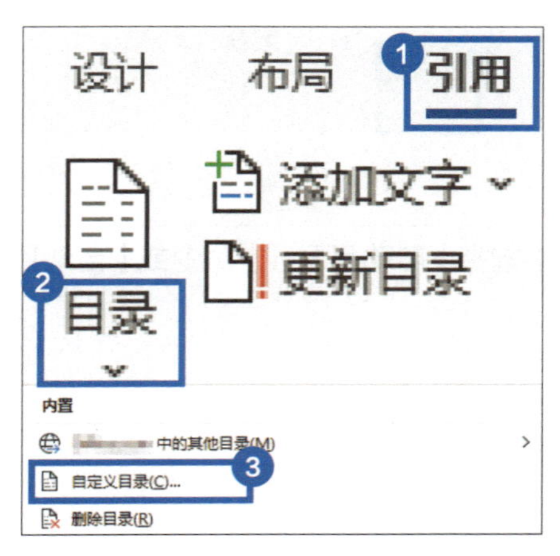

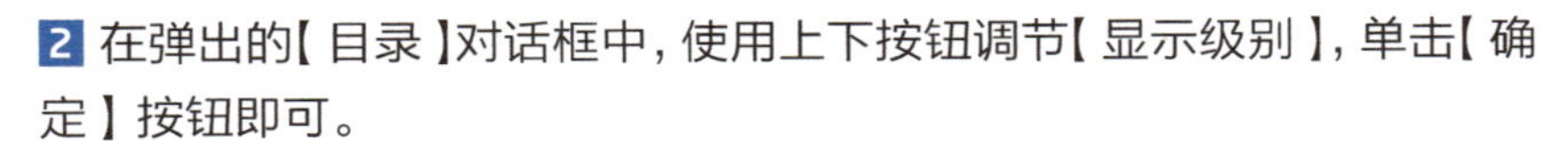

2 在弹出的【目录】对话框中，使用上下按钮调节【显示级别】，单击【确定】按钮即可。

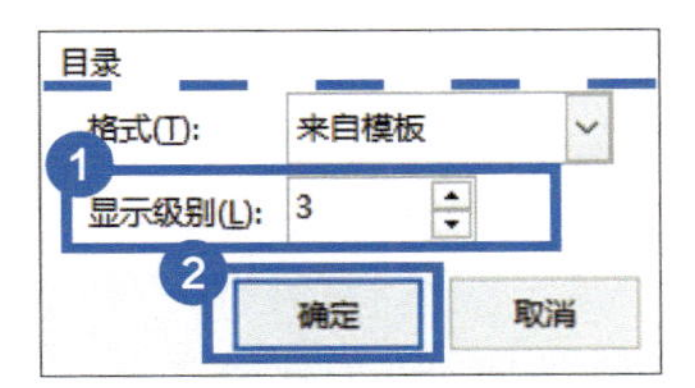

03 自动生成的目录样式和要求不同，怎么自定义修改？

自动生成的目录的字体、字号及向导符不是自己需要的样式，如何才能对目录的样式进行自定义？

1 在【引用】选项卡的功能区中单击【目录】图标。

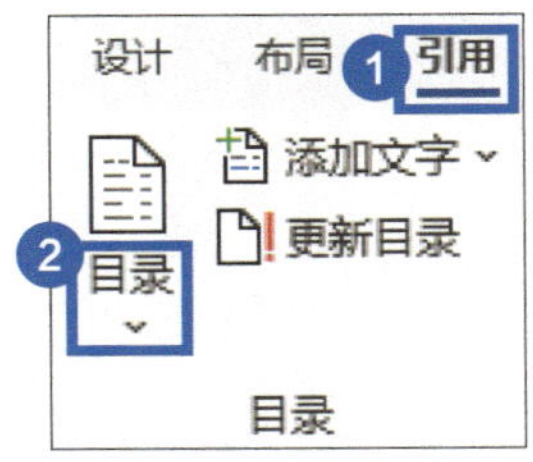

2 在菜单中选择【自定义目录】命令，在弹出的【目录】对话框中单击【修改】按钮。

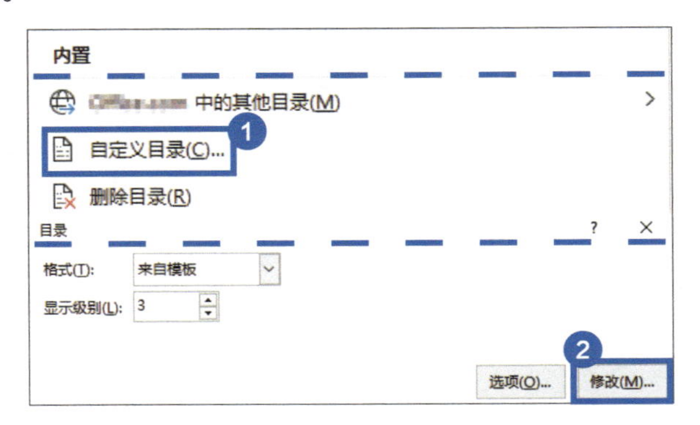

3 在弹出的【样式】对话框中选择需要修改的目录样式，单击【修改】按钮。

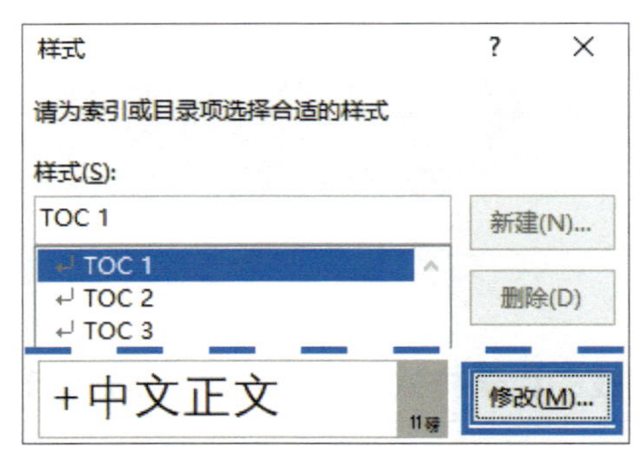

4 在弹出的【修改样式】对话框中可以修改目录样式的格式、段落等属性，修改完毕后，单击【确定】按钮。

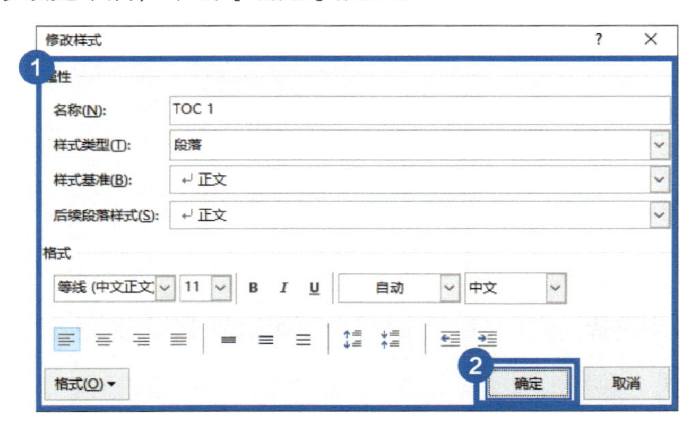

04 如何给每个章节设置一个目录？

章节较多的文档总目录不会将全部的标题显示出来，想要给每个章节添加一个章目录，该如何快速添加呢？

以为第一章内容添加目录为例。

1 选中第一章的全部内容。

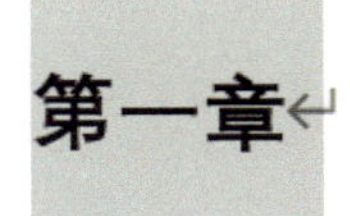

2 在【插入】选项卡的功能区中单击【书签】图标。

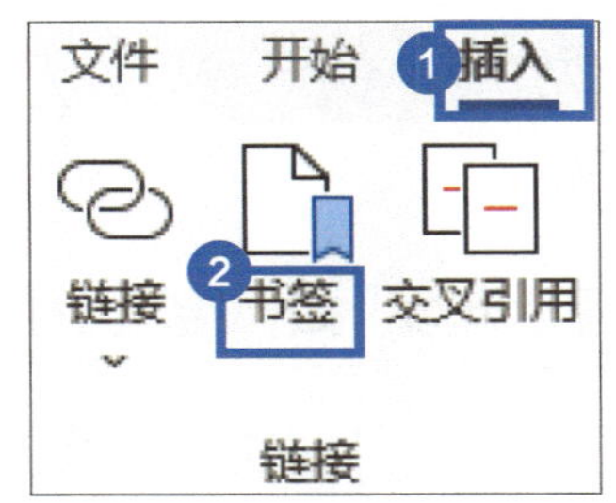

3 在弹出的【书签】对话框中添加【书签名】为“第一章”，依次单击【添加】和【关闭】按钮。

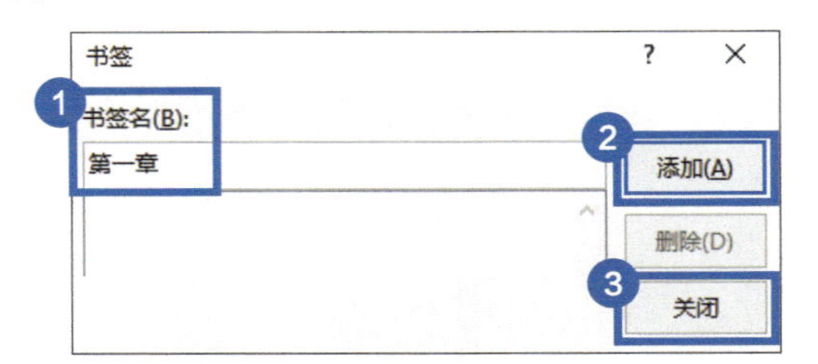

4 在第一章的标题前，按快捷组合键【Ctrl+F9】插入域括号“{}”，在域括号中输入“toc \b 第一章”后选中域，单击鼠标右键，在弹出的菜单中选择【更新域】命令或按【F9】键，即可为长文档生成章节目录。

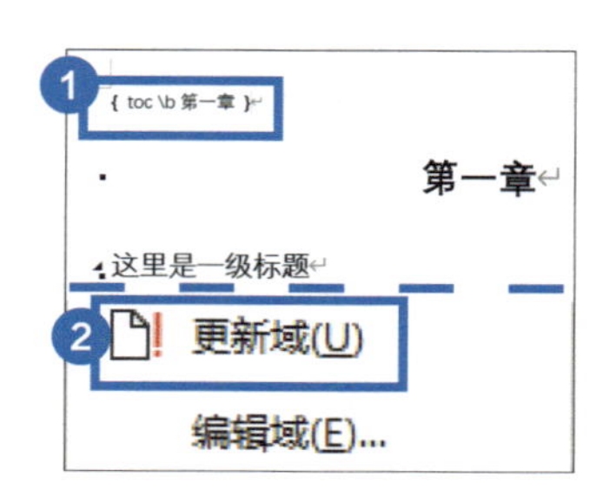

8.2 题注的插入与交叉引用

文档中除了段落需要进行编号之外，图片和表格也需要进行编号。很多人只知道手动为图片或表格编号，殊不知在 Word 中有题注功能能够帮助我们快速完成，而且这样编号不用担心增删图片或表格造成的编号重调，一切都会自动修正。

01 人工录入编号太麻烦，如何给图片和表格快速编号？

很多长文档，如论文、方案、图书等，需要对图片和表格进行编号，如何生成自动变化的编号呢？

1. 给图片编号

1 右键单击需要编号的图片，在弹出的菜单中选择【插入题注】命令。

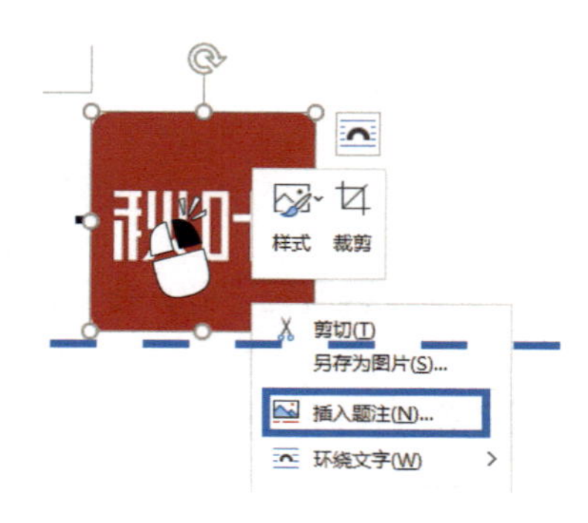

2 在弹出的【题注】对话框中单击【新建标签】按钮，在弹出的【新建标签】对话框中输入标签名“图片”，单击【确定】按钮。

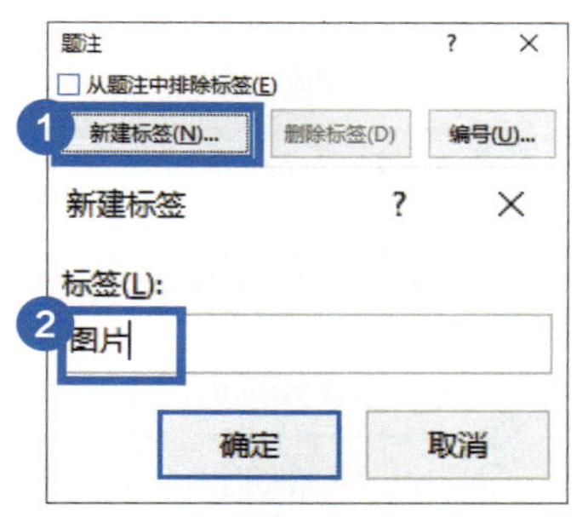

3 设置【标签】为【图片】，【位置】为【所选项目下方】，单击【编号】按钮。

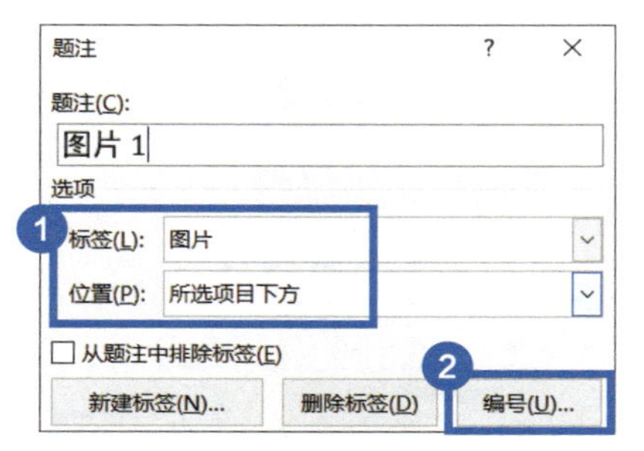

4 在【题注编号】对话框中为图片设置编号【格式】与是否【包含章节号】等参数，最后单击【确定】按钮完成设置。

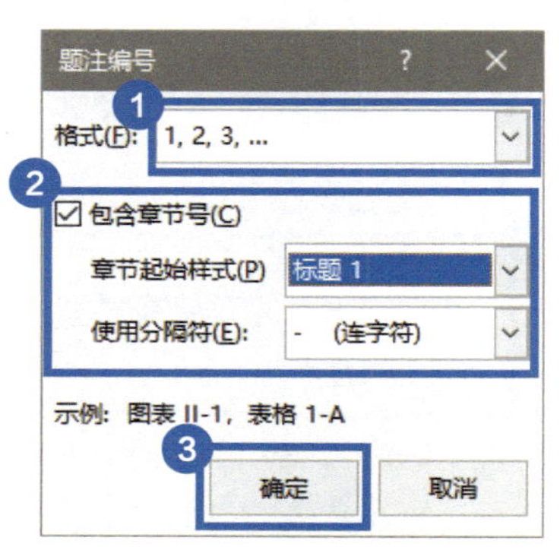

2. 给表格编号

1 右键单击表格左上角的⊞图标，在弹出的菜单中选择【插入题注】命令。

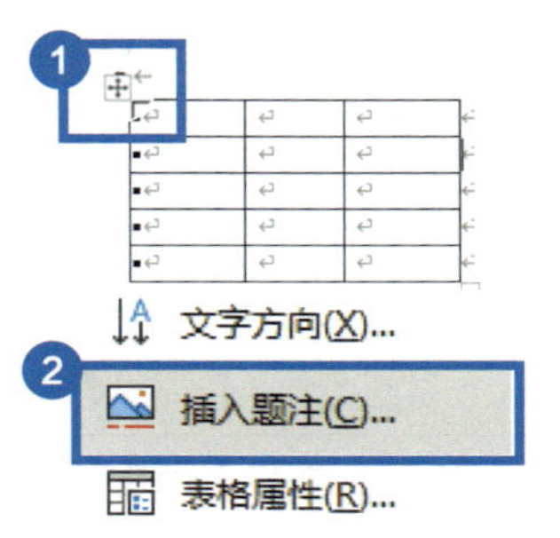

2 设置【标签】为【表格】，【位置】为【所选项目上方】，单击【编号】按钮。

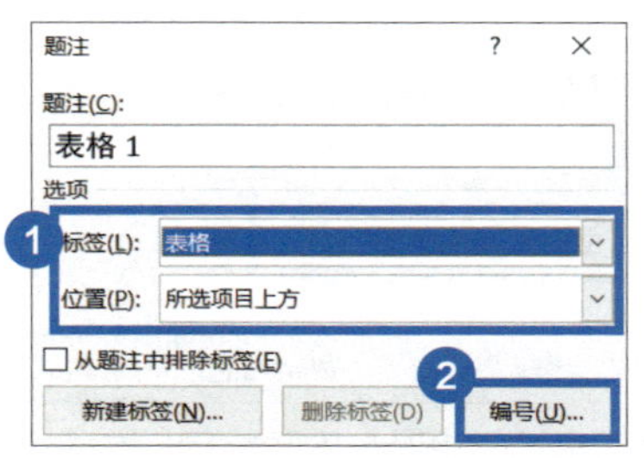

3 在【题注编号】对话框中为表格设置编号【格式】与是否【包含章节号】等参数，单击【确定】按钮完成设置。

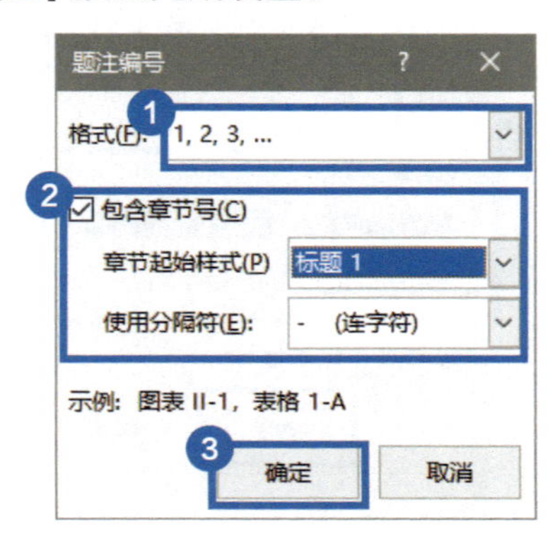

02 如何在插入表格的同时自动给表格编号？

手动插入题注给表格编号，永远没有插入表格的同时自动进行编号快速，想知道怎么做？请向下看。

1 在【引用】选项卡的功能区中单击【插入题注】图标。

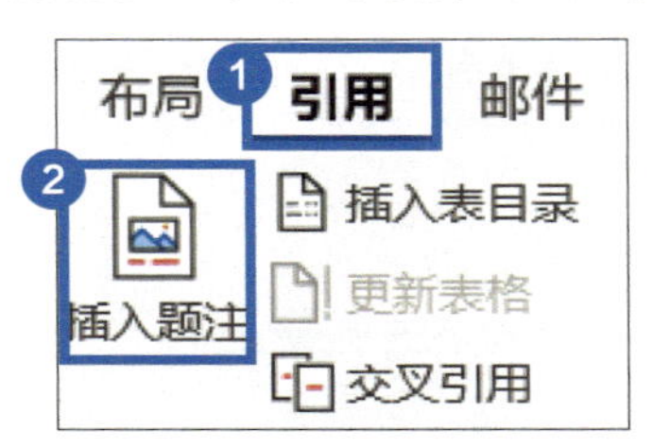

2 在弹出的对话框中单击【自动插入题注】按钮。

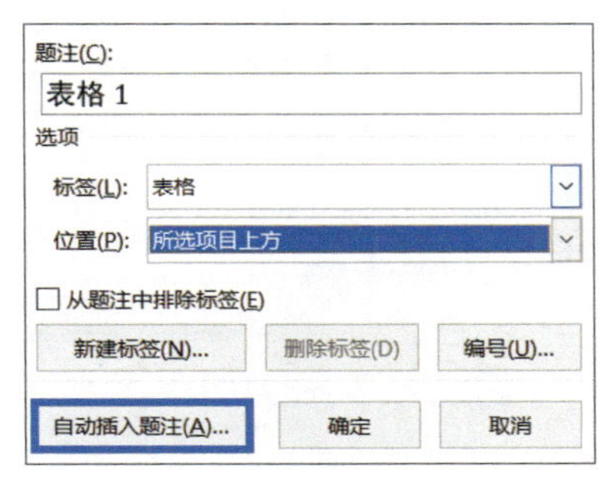

3 在弹出的对话框中选择【Microsoft Word 表格】选项，将【使用标签】设置为【表格】，单击【编号】按钮。

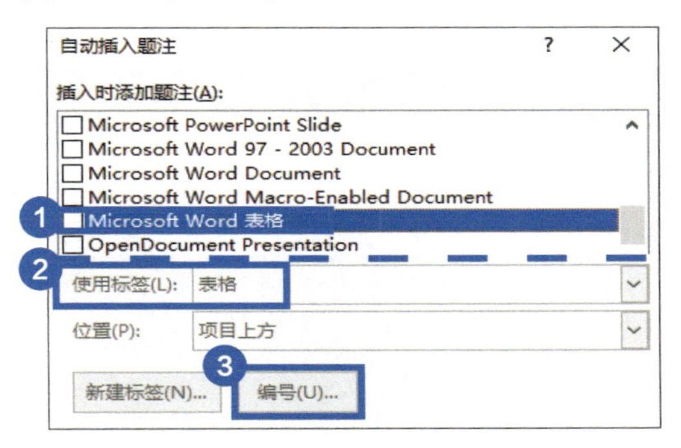

4 在弹出的【题注编号】对话框中调整题注编号的【格式】及是否【包含章节号】，单击【确定】按钮完成设置。

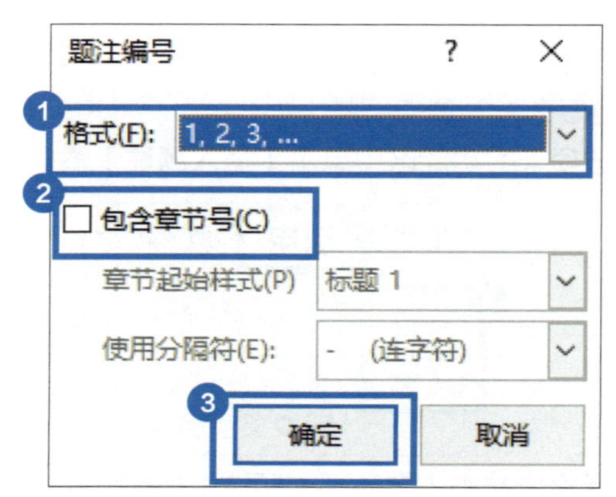

5 在【插入】选项卡的功能区中单击【表格】图标，在菜单中选择合适方式插入表格后，表格会自动添加题注，然后在题注后输入表格名即可。

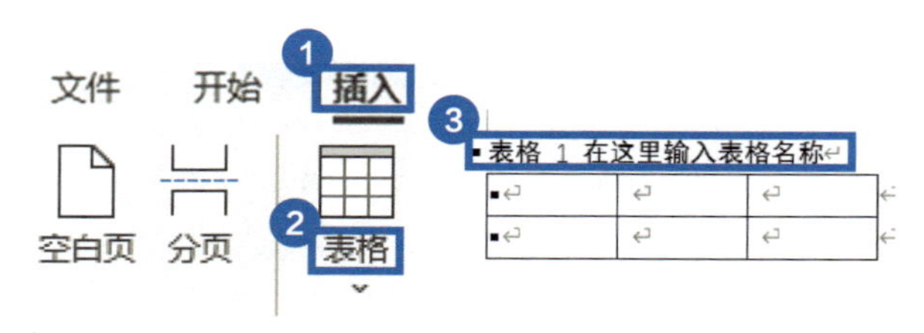

03 如何给文档中的图片 / 表格制作目录？

在一些长文档的排版中，常常要求为图片 / 表格制作目录，怎样才能自动生成图片和表格的目录呢？

进行下述操作时请确保图片和表格已添加了题注。

1 在【引用】选项卡的功能区中单击【插入表目录】图标。

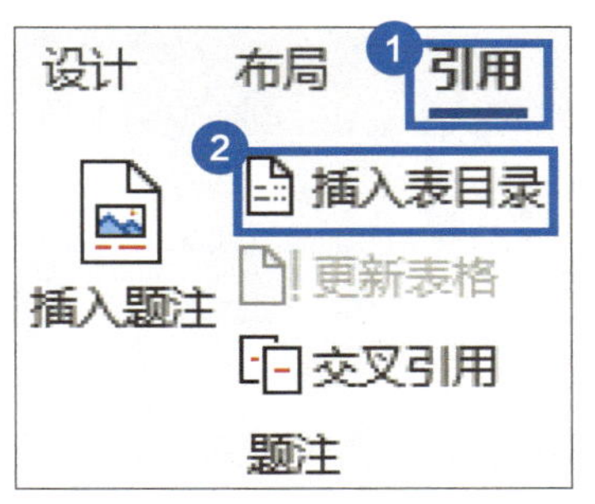

2 在【图表目录】对话框中修改【题注标签】为【表格】或【图片】，单击【确定】按钮即可为表格或图片生成单独的目录。

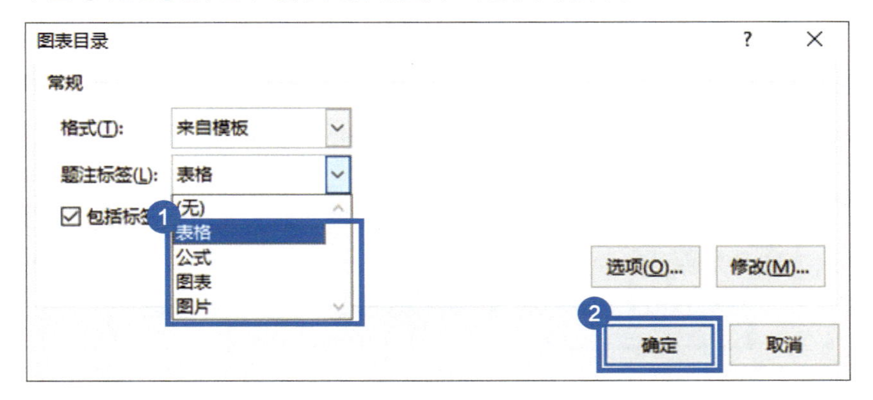

04 如何在文档中引用上下文中的图片?

在长文档中常常需要引用文档中已添加的图片，该怎样实现呢?进行下述操作时请确保图片已添加了题注。

1 在【引用】选项卡的功能区中单击【交叉引用】图标。

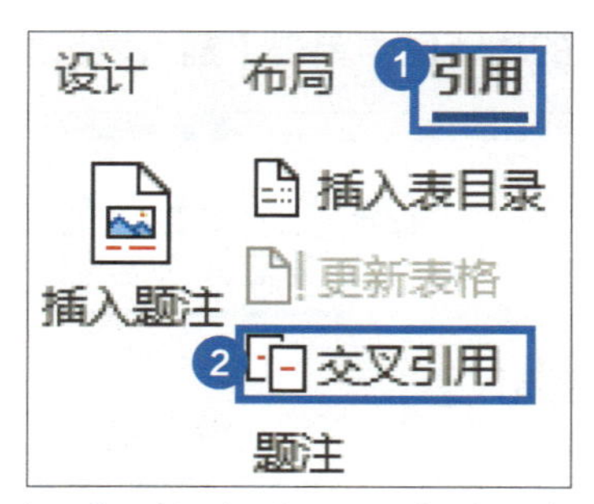

2 在弹出的【交叉引用】对话框中设置【引用类型】为【图片】，设置【引用内容】为【仅标签和编号】，在下方列表中选择需引用的图片后，单击【插入】按钮。

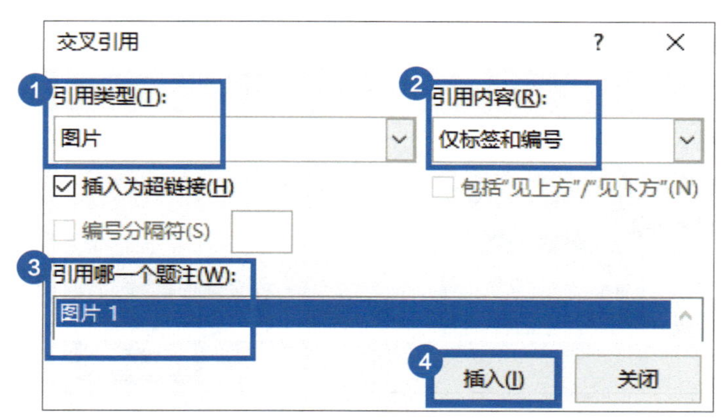

和秋叶一起学

秒懂Word

第 9 章

文档的页眉、页脚与页码

在文档排版中，经常要添加页眉、页脚和页码。设置页眉、页脚的目的是为页面提供样式丰富且准确的导航信息。页眉、页脚设置是制作专业文档不得不学的内容。

扫码回复关键词“秒懂 Word”，下载配套操作视频

01 页眉老是出现横线还选不中，如何删除它？

在生成页眉、页脚之后，默认会产生一条横线，如果你不需要这条横线，可以通过下面的 3 种方法删除它。

方法 1

1 将鼠标指针移动到页眉处并双击进入页眉、页脚编辑状态，选中页眉中的所有内容。

2 在【开始】选项卡的功能区中单击【边框】图标右侧的下拉按钮，在弹出的菜单中选择【无框线】命令。

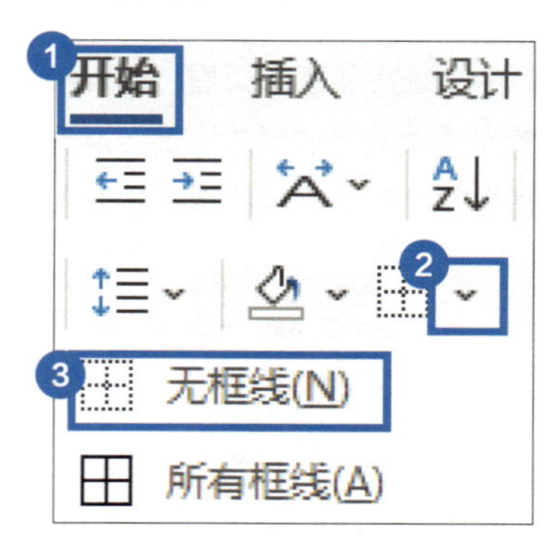

方法 2

1 将鼠标指针移动到页眉处，双击进入页眉、页脚编辑状态，选中页眉中的所有内容。

2 在【开始】选项卡的功能区中单击【清除格式】图标。

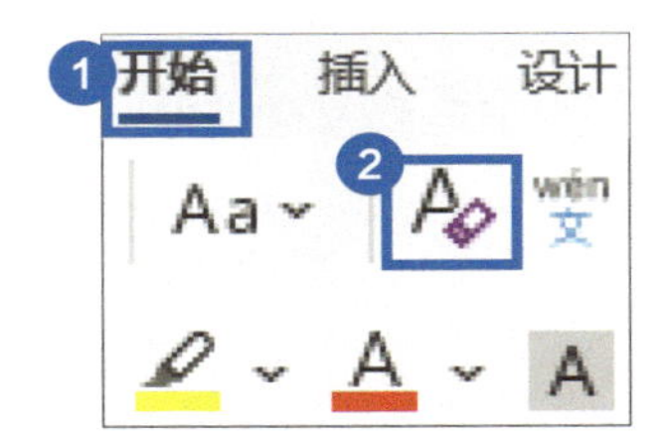

方法 3

1 将鼠标指针移动到页眉处，双击进入页眉、页脚编辑状态。

2 使用快捷组合键【Ctrl+Shift+N】应用文档的正文样式，即可清除页眉中的横线。

02 如何让页眉、页脚从第二页开始显示？

在许多文档中，首页代表封面，而封面是不需要页眉和页脚的，我们应该如何让页眉、页脚从第二页开始显示？

1 将鼠标指针移动到页眉处并双击进入页眉、页脚编辑状态。

2 在【页眉和页脚】选项卡的功能区中勾选【首页不同】复选项，在第二页输入页眉、页脚的内容即可。

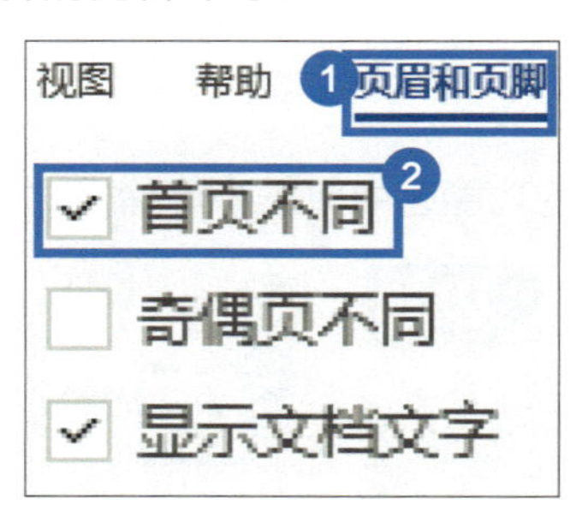

03 如何设置奇数页和偶数页不同的页眉、页脚?

在图书、报告等文档中，我们常常看到左右两页的页眉和页脚不一样，这样的效果通过一个简单设置就可以实现。

1 将鼠标指针移动到页眉处并双击进入页眉、页脚编辑状态。

2 在【页眉和页脚】选项卡的功能区中勾选【奇偶页不同】复选项，然后在奇偶页的页眉、页脚处输入对应的内容即可。

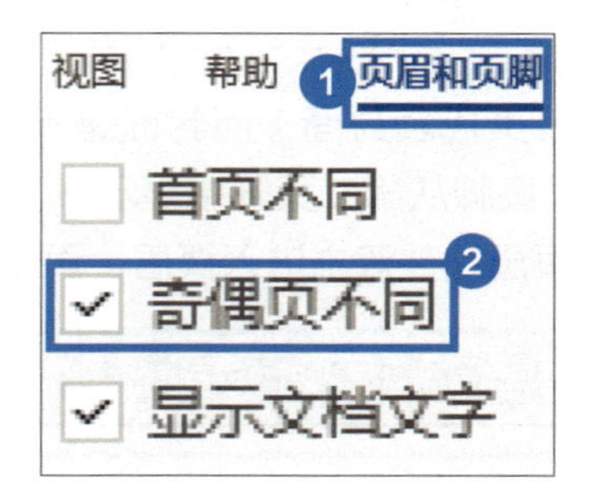

04 如何让文档页眉自动显示所在章节标题?

在章节比较多的文档中，页眉内容常常对应着所在的章节标题，用什么样的方法可以实现在页眉处自动添加章节标题呢?

注意

文档中的章节标题一定要应用标题样式，如下操作方可生效。

1 将鼠标指针移动到页眉处并双击进入页眉、页脚编辑状态。

2 在【页眉和页脚】选项卡的功能区中单击【文档部件】图标，在弹出的菜单中选择【域】命令。

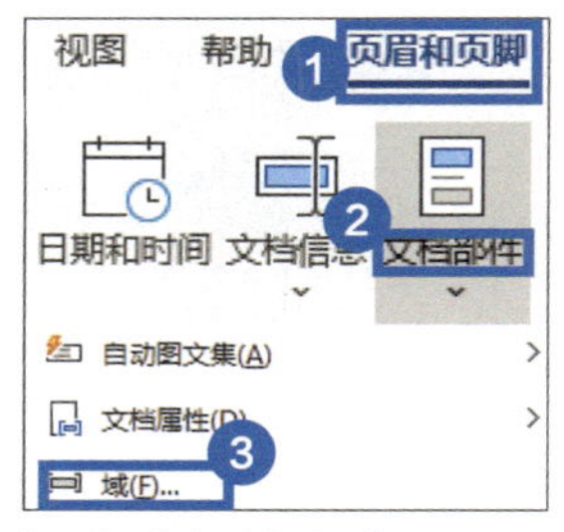

3 在弹出的【域】对话框中选择域为【StyleRef】，然后选择对应的样式名，如【标题 1】，单击【确定】按钮关闭对话框。

05 如何给文档设置两种页码，如目录用Ⅰ、Ⅱ，正文用1、2？

要把一份文档的目录和正文设置成不同的页码格式，目录用罗马数字，正文用阿拉伯数字，可是弄来弄去都只能是同一种格式，怎么才能快速地给一份文档设置不同的页码格式呢?

1 将鼠标光标移动到第一种页码的页面末尾处。

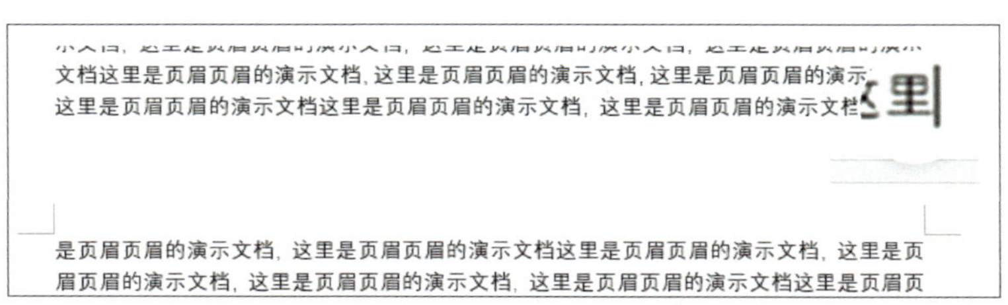

2 在【布局】选项卡的功能区中单击【分隔符】图标，在弹出的菜单中选择【下一页】命令，将文档分为第1节和第2节。

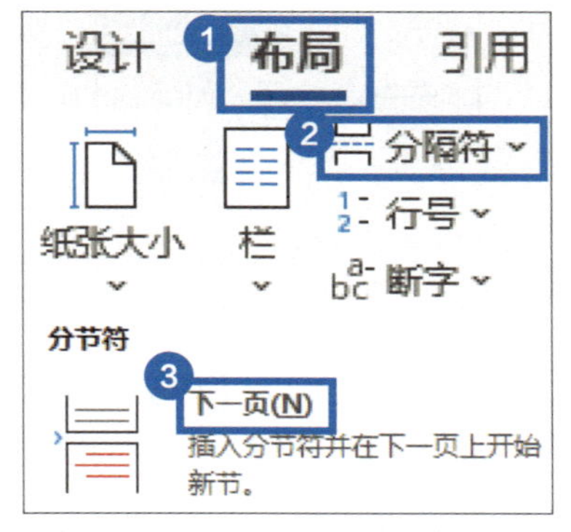

3 将鼠标光标移动到第二种页码起始页面的页脚处并双击进入页眉、页脚编辑状态。

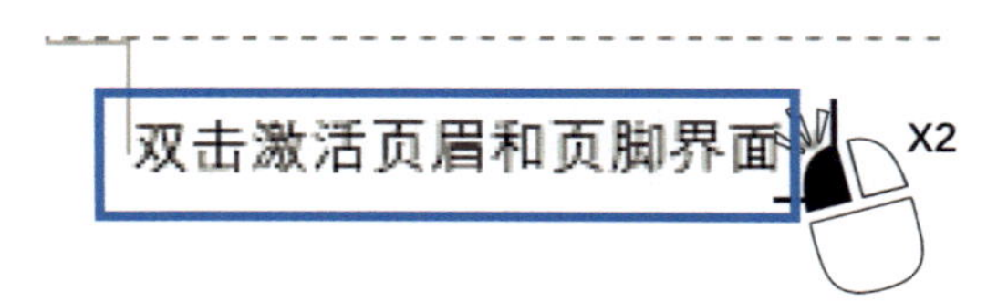

4 在【页眉和页脚】选项卡的功能区中单击【链接到前一节】图标，当图标的灰色底纹消失，代表第 2 节与第 1 节页脚的链接已被断开。

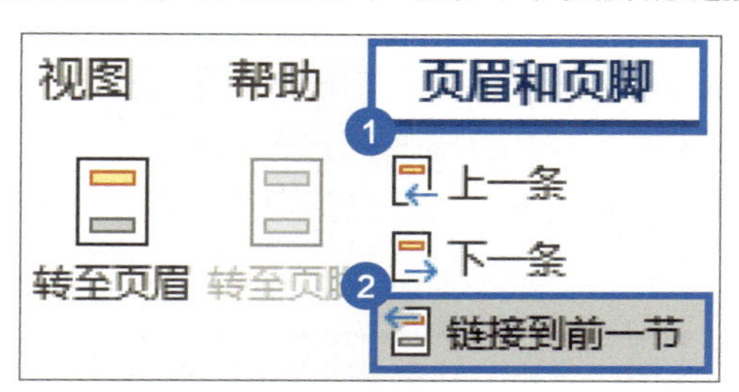

5 定位到不同节的页脚处，在【页眉和页脚】选项卡的功能区中单击【页码】图标，在弹出菜单中选择【设置页码格式】命令。

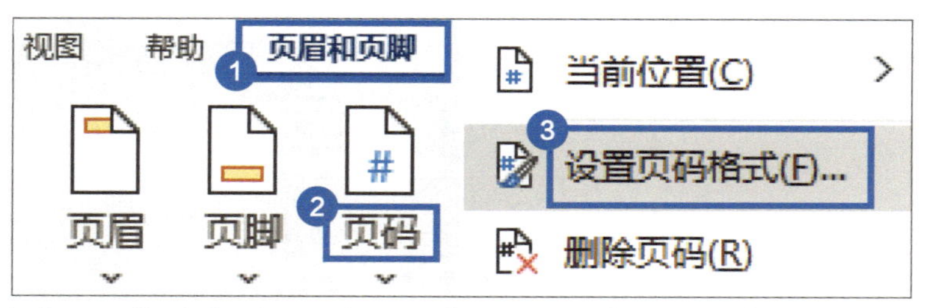

6 在【页码格式】对话框中修改【编号格式】，调整【起始页码】，单击【确定】按钮即可为不同节设置不同的页码格式了。

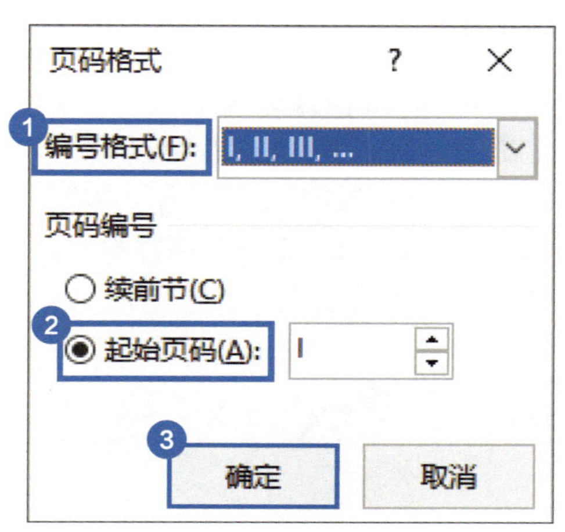

06 制作宣传册时，如何让一页纸上显示连续两个页码？

在分两栏显示的文档中，需要在一个页面中显示两个连续的页码，想要省时省力地完成，下面的操作一定要牢记。

1 将鼠标指针移动到页码处并双击激活页眉、页脚编辑状态。

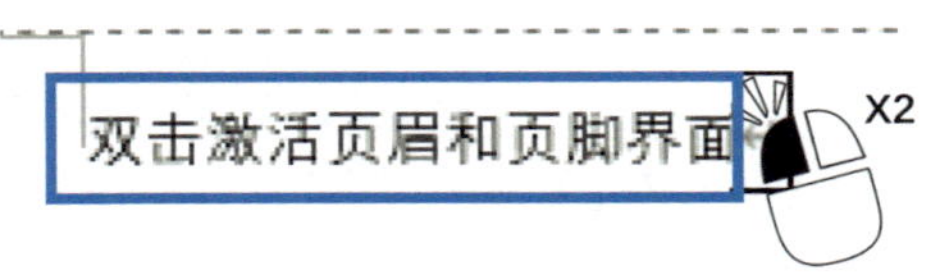

2 在【页眉和页脚】选项卡的功能区中单击【页脚】图标，在弹出的菜单中选择【空白（三栏）】命令，插入一个新的空白页脚。

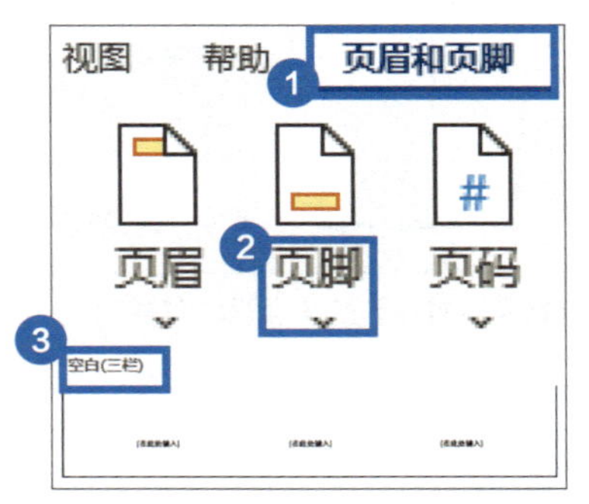

3 在页脚处单击选中中间的【[在此处键入]】，按【Delete】键删除，单击选中左侧的【在此处键入】，按快捷组合键【Ctrl+F9】生成“{}”（后续的“{}”也用此快捷组合键插入），在“{}”内输入 =2*{page}−1，单击选中右侧的【在此处键入】，按快捷组合键【Ctrl+F9】生成{}，在“{}”内输入 =2*{page}。

4 完成后的代码如下图所示，按快捷组合键【Alt+F9】即可完成域代码到页码之间的切换，得到同一页中有两个连续页码的效果。

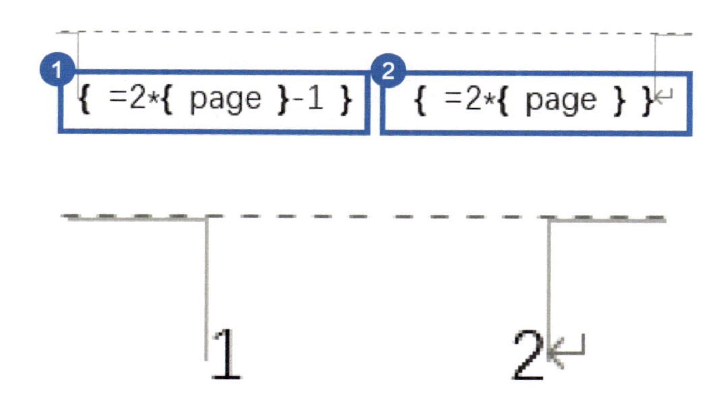

和秋叶一起学

秒懂Word

第10章 文档的视图与审阅

【视图】和【审阅】是很多人容易忽略的两个选项卡，但它们可以帮助我们解决很多文档中的“疑难杂症”，比如快速查看不可见的编辑符号并删除、保护文档，防止文档被他人乱改。

扫码回复关键词“秒懂 Word”，下载配套操作视频

10.1 视图的选择与应用

我们平时使用 Word 就是在普通视图下直接开始编辑内容的，但其实 Word 软件内置了多种文档视图，不同视图下能够实现的功能也大不相同。

01 如何使用大纲视图快速创建文档大纲？

编辑或审阅长文档往往比较困难，使用大纲视图创建文档大纲、整理大纲级别和文档顺序，可以帮助我们更方便地把握文档结构，迅速了解内容梗概。

创建文档大纲的步骤如下。

1 在【视图】选项卡的功能区中单击【大纲】图标，切换到大纲视图。

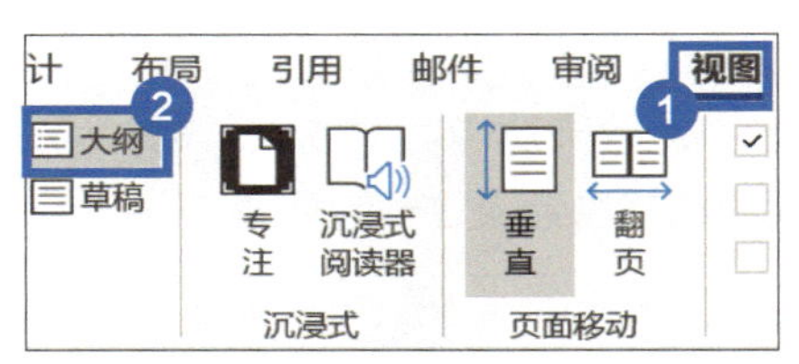

2 先列出各级标题，选中对应标题后，在【大纲显示】选项卡的功能区中为标题设置级别，大纲级别分为 1 ~ 9 级，正文在大纲级别中为【正文文本】。

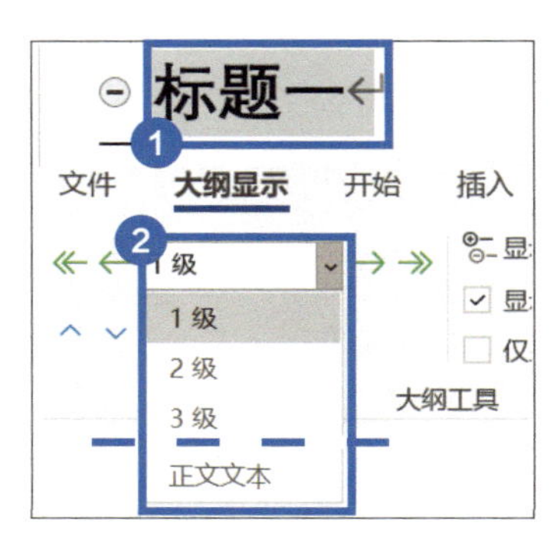

大纲视图下标题左边的“+”号表示有下一级标题（包括子标题和正文），“-”号表示不带有下一级标题和正文内容。

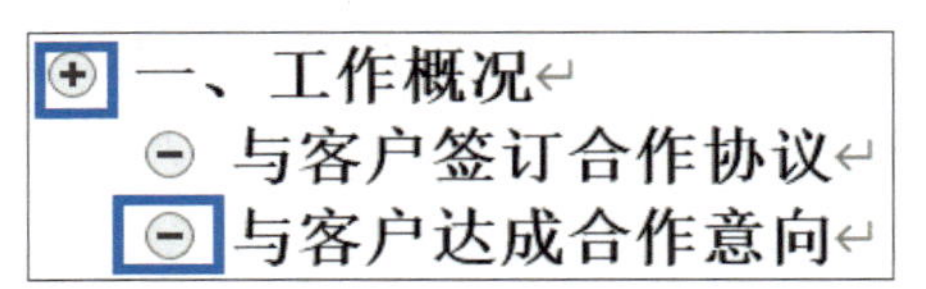

3 如需调整大纲级别，可以利用功能区【大纲工具】组中的左右箭头进行升降级，升级的快捷组合键是【Shift + Tab】，降级的快捷键是【Tab】。

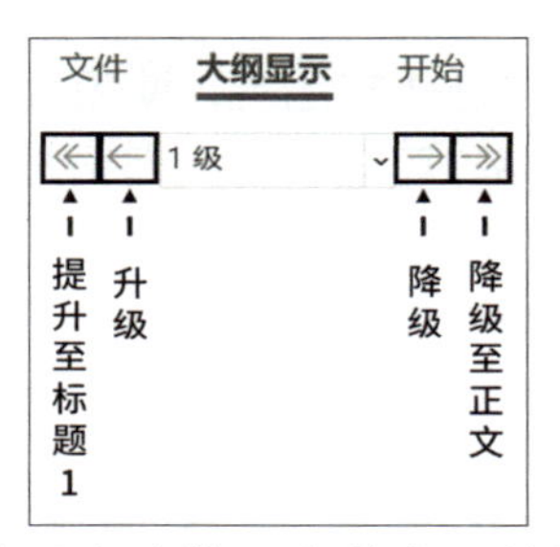

4 单击【大纲显示】选项卡功能区中的上下箭头可以移动文档内容，且该标题的子标题和正文也会随之一起移动。

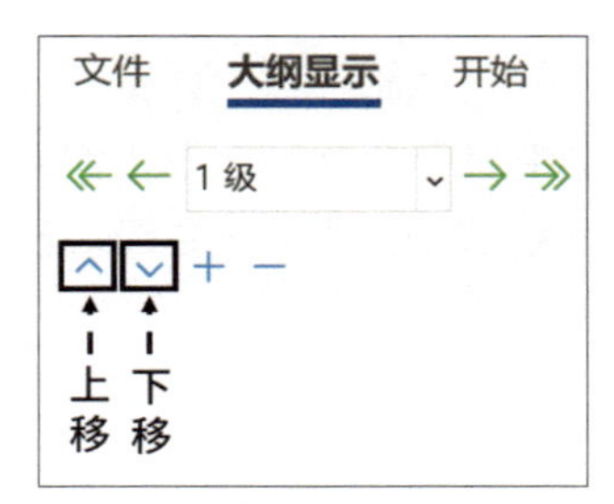

5 文档大纲创建完成后，单击功能区中的【关闭大纲视图】图标，即可回到普通视图模式。

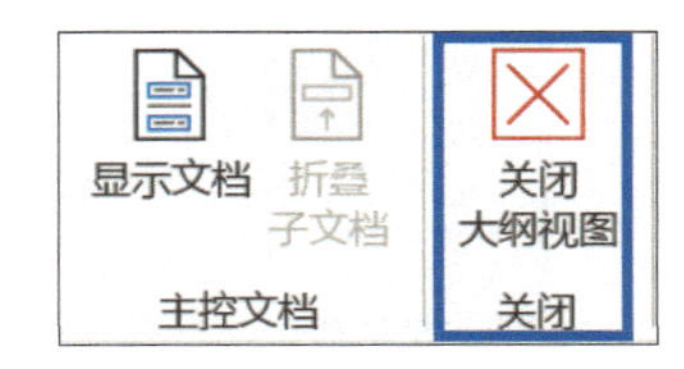

02 如何在左侧窗口中显示标题？

在前面的章节中，我们已经学习了如何生成目录，那么如何让标题在左侧窗口中显示呢?

只需在【视图】选项卡的功能区中勾选【导航窗格】复选项即可。

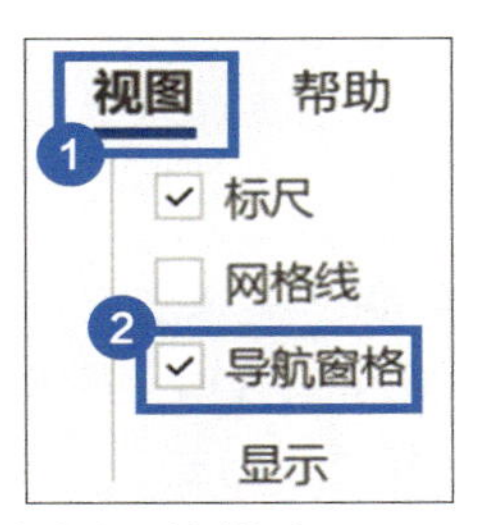

如下图所示，标题在左侧导航栏中显示。

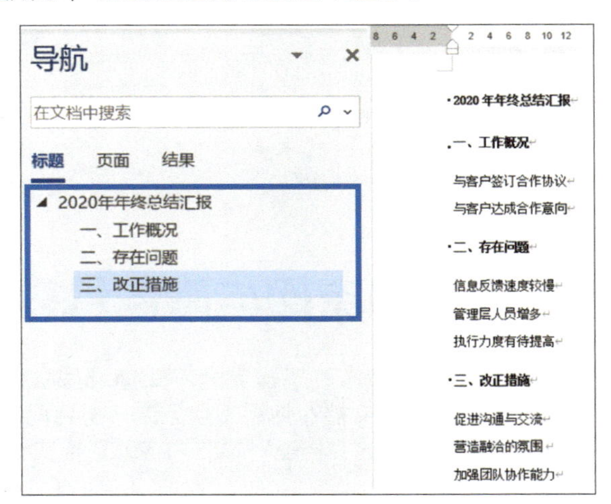

03 如何设置多页同时显示？

在编辑或审阅 Word 文档时，我们可能会需要同时查看多页，那么该如何操作呢?

这里主要介绍两种方法。

方法 1

打开文档，在【视图】选项卡的功能区中单击【多页】图标。

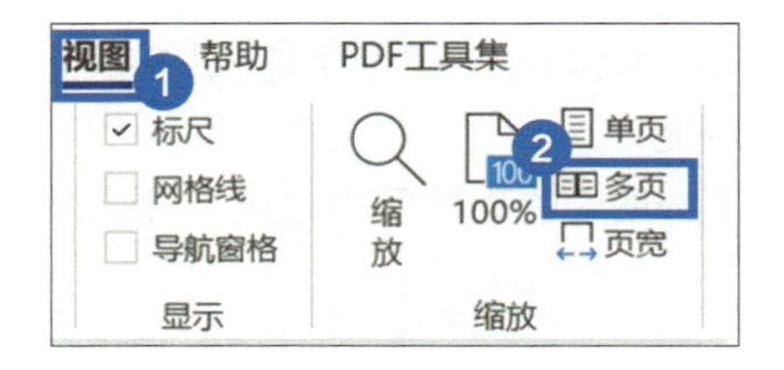

方法 2

在【视图】选项卡的功能区中单击【缩放】图标，在弹出的【显示比例】对话框中选中【多页】单选项，并单击下方的【计算机】按钮，在下拉列表中选择显示页数和显示方式。

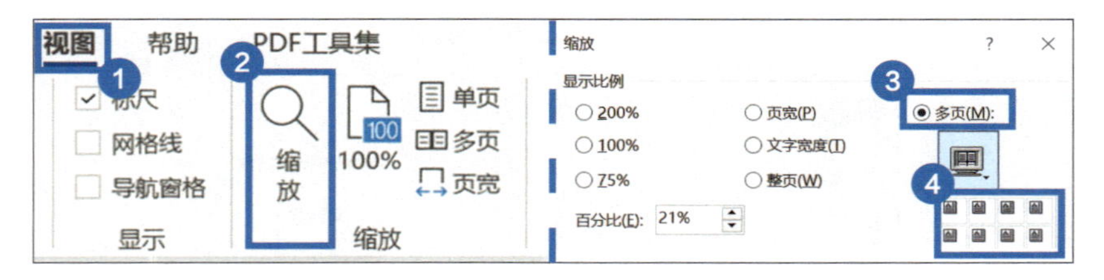

10.2 文档的审阅与限制编辑

你是不是有遇到过文档被修改了但完全不知道哪里被修改了的窘境？想不想更好地保护自己的文档？你是不是见过一份合同只能填写特定的区域，想不想也做出这样的文档呢？本节内容就教你实现！

01 准备修改文档，如何记录修改痕迹？

有时候我们写好的一份文档，需要给他人修改，那我们如何才能让 Word 自动记录下他人对文档的改动呢？

1 在【审阅】选项卡的功能区中单击【修订】图标，当【修订】图标变成灰色后，代表修订功能已开启。

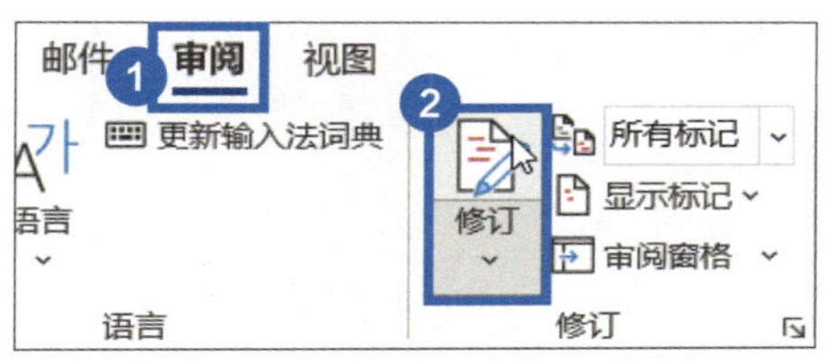

2 在功能区中将【修订】图标右侧的【所有标记】更改为【无标记】。

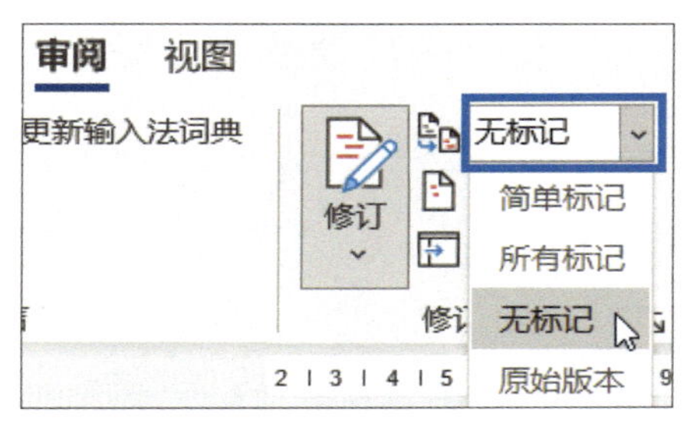

3 当其他人修改完文档后将【无标记】再更改为【所有标记】，即可看到对该文档的所有改动。

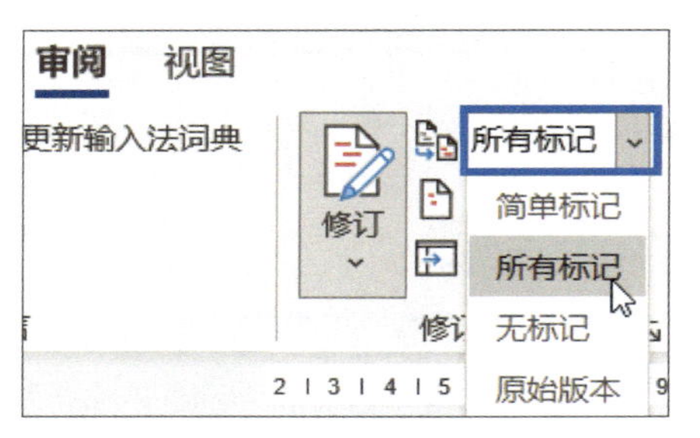

02 如何为文档加密，只允许查看但不准修改？

当我们做好一份文档，不想让这份文档再被其他人修改，只能看不能编辑时，该怎么做呢？

1 在【审阅】选项卡的功能区中单击【限制编辑】图标。

2 在右侧弹出的【限制编辑】窗格中的第2步【编辑限制】里，勾选【仅允许在文档中进行此类型的编辑】复选项，并选择为【不允许任何更改（只读）】。

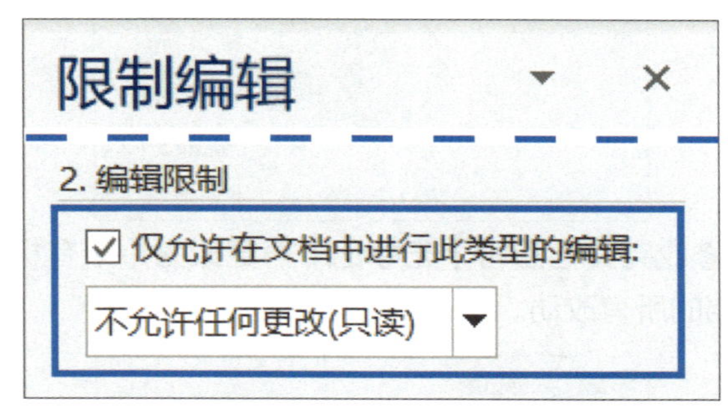

3 在第3步的【启动强制保护】中，单击【是，启动强制保护】按钮。

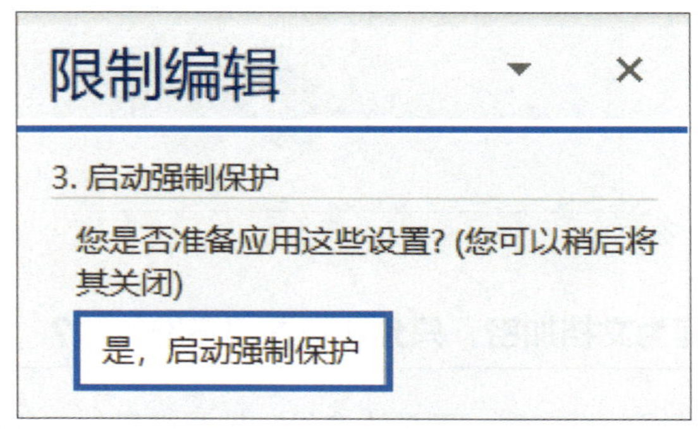

4 在弹出的【启动强制保护】对话框中，完成【新密码】和【确认新密码】的输入，单击【确定】按钮即可对该文档进行加密，防止他人修改内容。

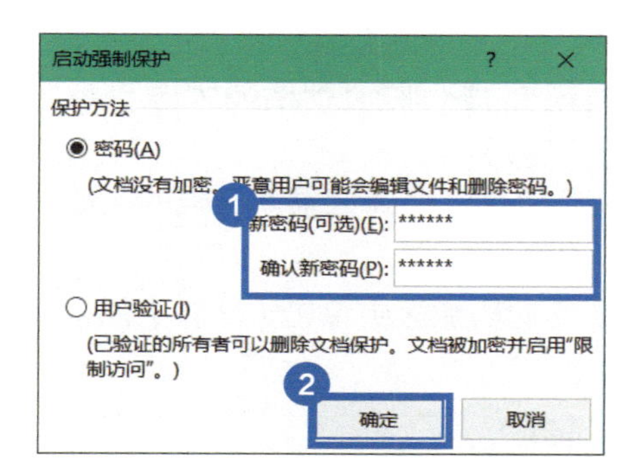

03 文档内容需要修改，如何直接在文档中提出建议？

有时候我们需要对文档针对某个地方提出一些修改建议，但又不需要直接修改，需要怎么做呢？

1 选中需要提出修改建议的内容，在【审阅】选项卡的功能区中单击【新建批注】图标。

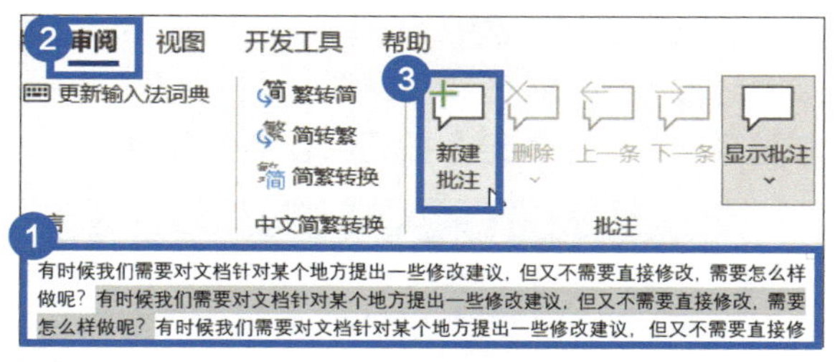

2 在右侧弹出的批注对话框中，输入修改建议后，按快捷组合键【Ctrl+Enter】或单击【纸飞机】按钮即可完成修改建议的插入。

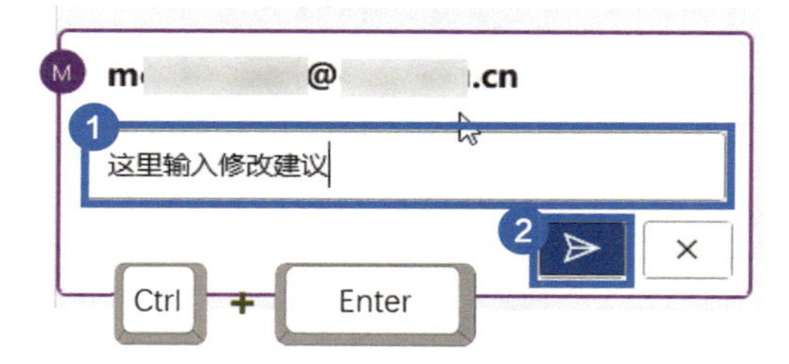

04 如何快速找到两个版本文档的不同之处?

如果我们没有开启修订模式记录对文档的改动，那么如何才能比对两个版本文档的差异呢?

1 在【审阅】选项卡的功能区中单击【比较】图标，在弹出的菜单中选择【比较】命令。

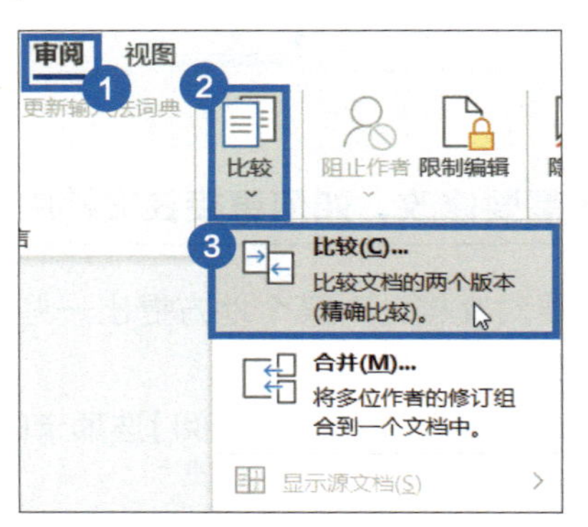

2 在弹出的【比较文档】对话框中，在【原文档】处选择旧版本的文档，在【修订的文档】处选择修订后的文档。单击【更多】按钮可以看到更详细的比较选项，单击【确定】按钮后软件会自动完成文档比较。

3 在弹出的新文档窗口中即可以看到比较的结果，从而快速找到不同的内容。

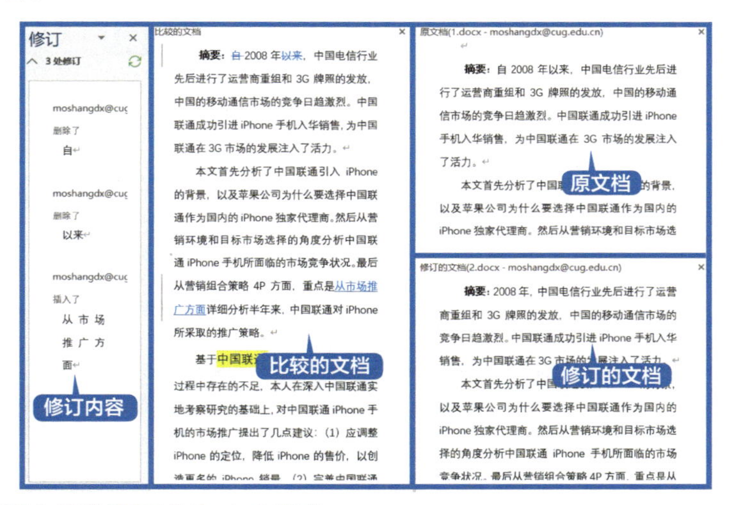

新文档的页面分为 4 个部分。

1. 最左侧是【修订】窗格，显示出修订的所有内容。

2. 中间部分为【比较的文档】窗格，标注了“原文档”和“修订的文档”具体在哪处有不同。

3. 最右侧上下方分别是【原文档】窗格和【修订的文档】窗格，方便对比观察。

05 制作标准合同，如何设置在指定区域输入内容?

很多时候需要对文档内容或排版效果进行保护，只允许其他人编辑其中指定的区域，而其他地方无法编辑，如何实现文档的局部保护呢?

1 在 Word 文档中选中可编辑的文本，在【审阅】选项卡的功能区中单击【限制编辑】图标。

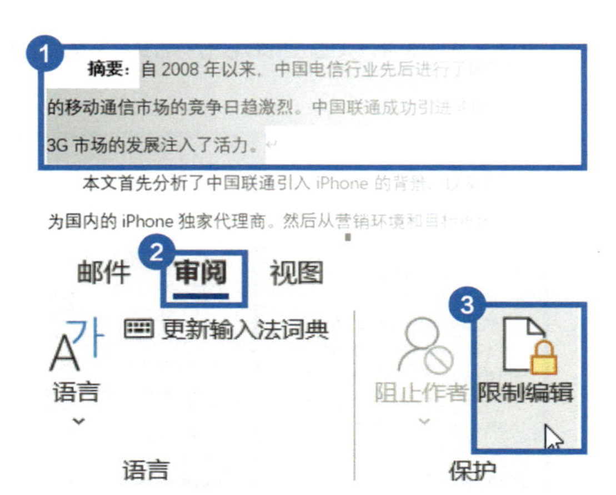

2 在右侧弹出的【限制编辑】窗格的第2步【编辑限制】中，勾选【仅允许在文档中进行此类型的编辑】复选项，并选择【不允许任何更改（只读）】，在【例外项（可选）】组中勾选【每个人】复选项。

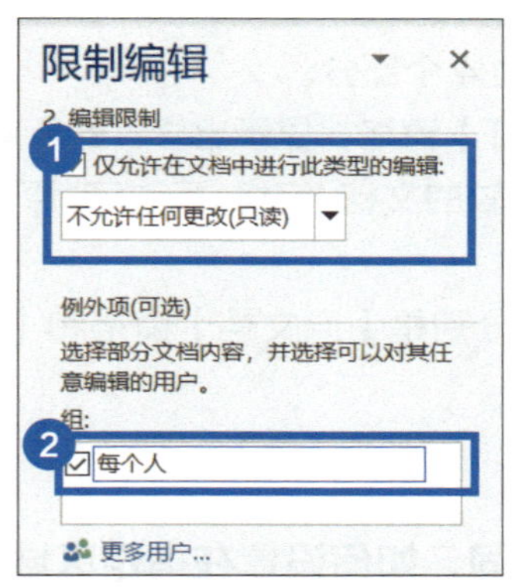

3 在第3步的【启动强制保护】中，单击【是，启动强制保护】按钮。

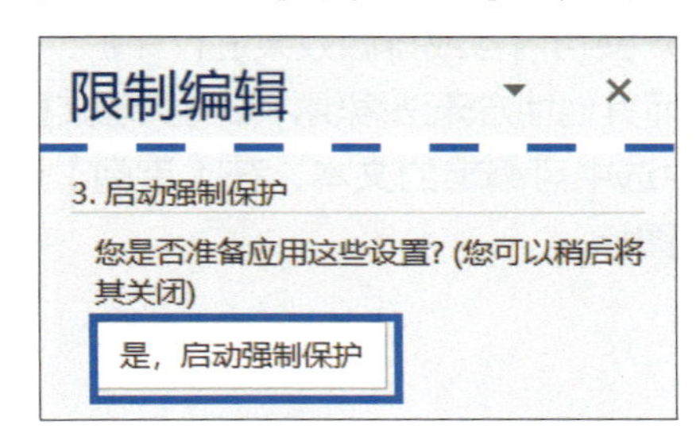

4 在弹出的【启动强制保护】对话框中，完成【新密码】和【确认新密码】的输入，最后单击【确定】按钮启动保护。

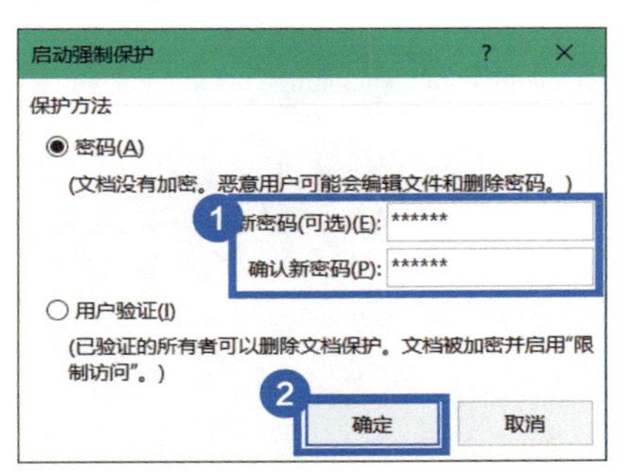

5 此时可以看到，之前选中的可编辑文本底部出现淡黄色底纹，并被“[]”括起来，只有该区域可以编辑，而剩下的区域则为受保护的区域，无法编辑。

视频提供了功能强大的方法帮助您证明您的观点。当您单击联机视频时，可以在想要添加的视频的嵌入代码中进行粘贴。您也可以键入一个关键字以联机搜索最适合您的文档的视频。为使您的文档具有专业外观，Word 提供了页眉、页脚、封面和文本框设计，这些设计可互为补充。例如，您可以添加匹配的封面、页眉和提要栏。

单击“插入”，然后从不同库中选择所需元素。主题和样式也有助于文档保持协调。当您

6 若在【限制编辑】窗格中取消勾选【突出显示可编辑的区域】复选项，则可取消可编辑区域文本的底纹。

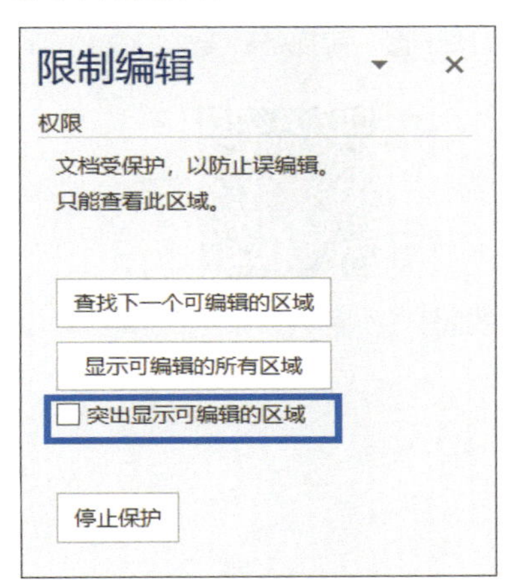

第11章 Word的打印输出

职场办公中经常需要将电子版的 Word 文档打印成纸质文档，很多人只会单纯地将文档以默认的设置打印出来，不懂得调整打印参数，一遇到特殊的打印需求就发蒙，本章将带你认识修改打印设置，实现各种要求的文档打印。

扫码回复关键词“秒懂 Word”，下载配套操作视频

01 不想浪费纸张，如何把文档设置为正反面打印？

一些特殊的文件，比如合同、申请书等需要正反面打印，如何在 Word 中实现这种效果呢？

1 打开文档后，选择【文件】-【打印】命令。

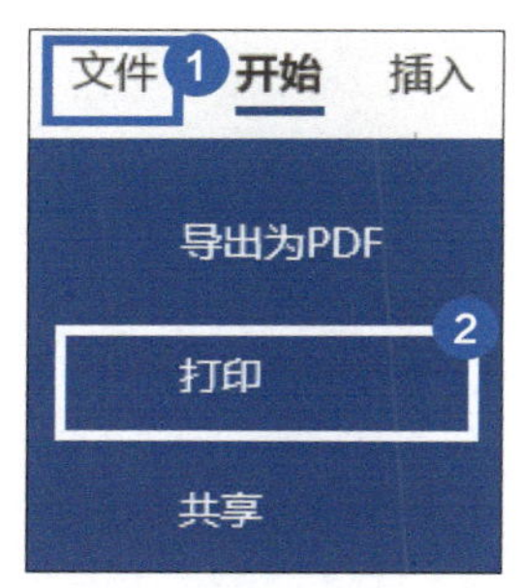

2 在【打印】界面单击【单面打印】按钮，在弹出的菜单中根据需要选择对应的【双面打印】命令，最后单击【打印】按钮即可。

> **注意**
>
> 自动双面打印受打印机功能限制，使用前请先确认打印机是否支持自动双面打印功能。

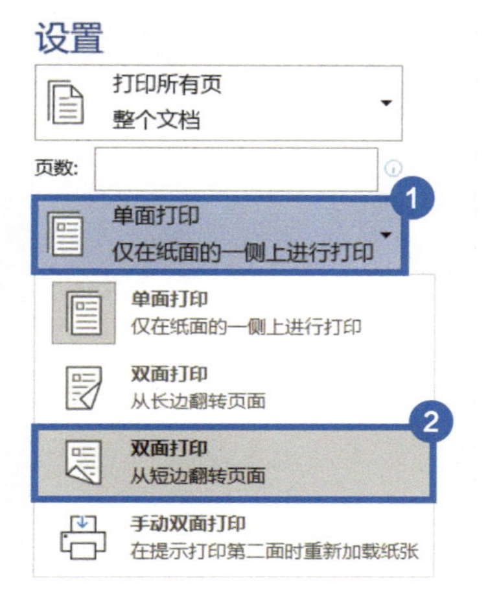

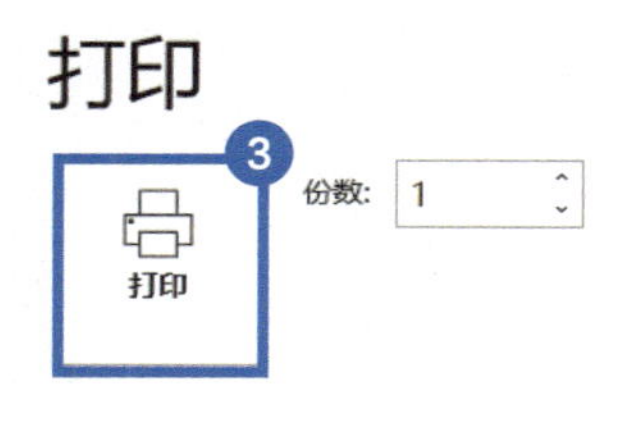

02 如何把多页文档缩放打印到一张 A4 纸上?

有时为了节省纸张，需要把多页文档打印到一张 A4 纸上，如何在 Word 中实现这种效果呢?

1 打开文档后，选择【文件】-【打印】命令。

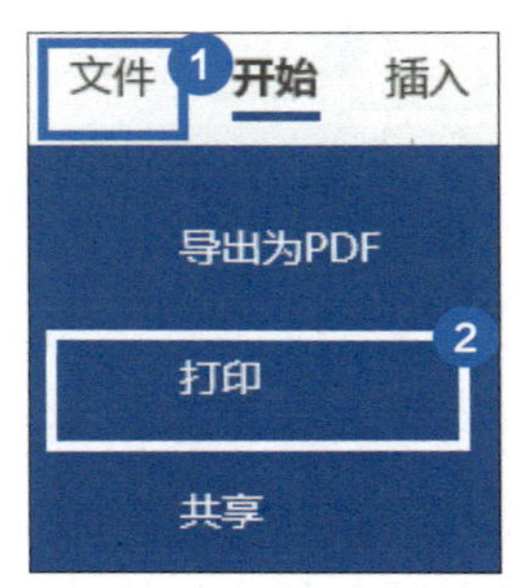

2 在【打印】界面单击【每版打印 1 页】按钮，在菜单中选择【每版打印 *X* 页】命令（*X* 指代数字），单击【打印】按钮即可。

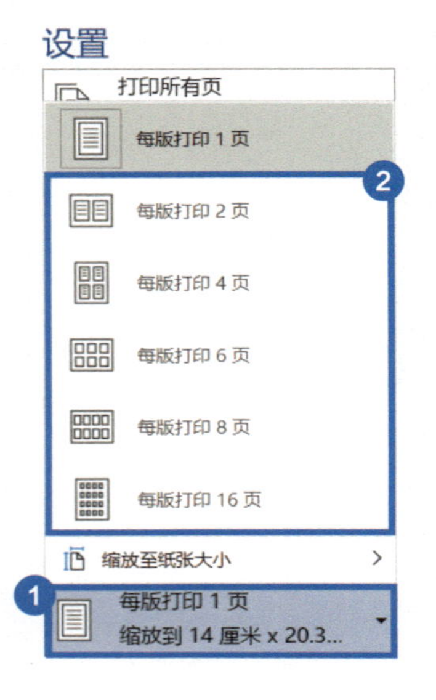

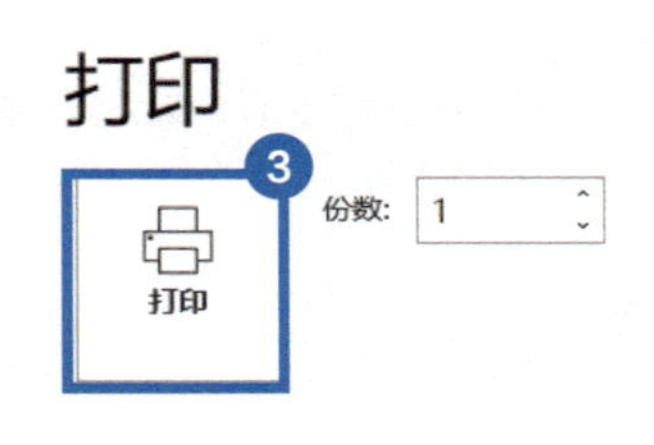

03 如何在打印的时候缩减一页?

使用 Word 编辑完文档，打印时发现第二页只有两行文字，如果直接打印太浪费纸张，如何缩减到一页呢?

1 打开文档后，选择【文件】-【选项】命令。

2 在弹出的【Word 选项】对话框中，选择【快速访问工具栏】选项。

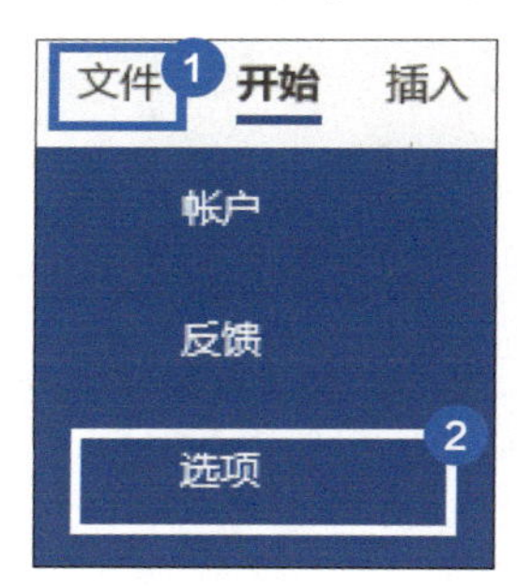

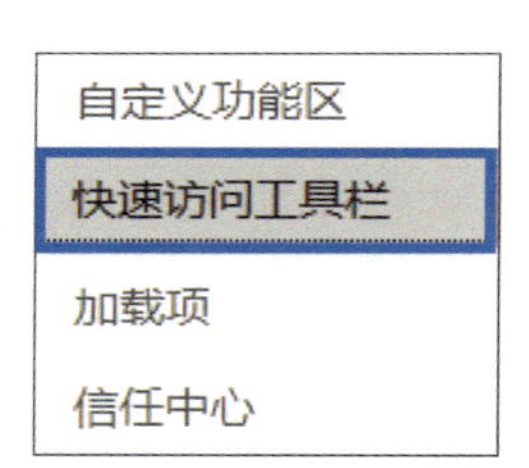

3 将【从下列位置选择命令】的默认选项【常用命令】修改为【所有命令】，在命令列表中单击选中【打印预览编辑模式】命令，单击【添加】按钮，再单击【确定】按钮将其添加到快速访问工具栏中。

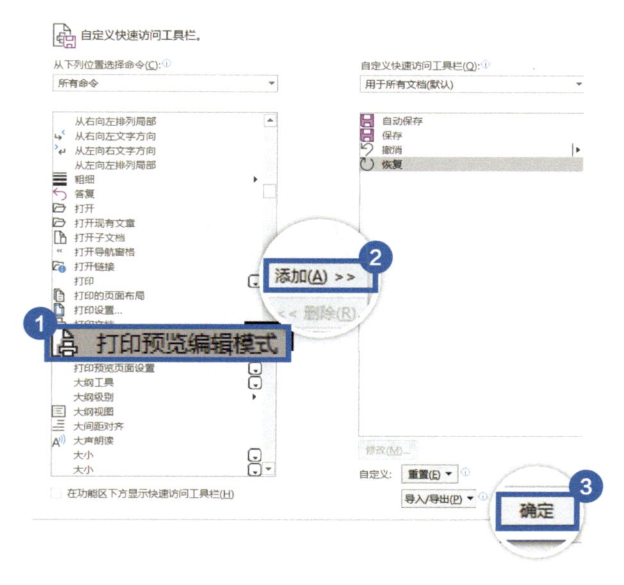

4 在快速访问工具栏中单击【打印预览编辑模式】图标，在【打印预览】选项卡的功能区中单击【缩减一页】图标，此时文档会自动尝试进行缩减。

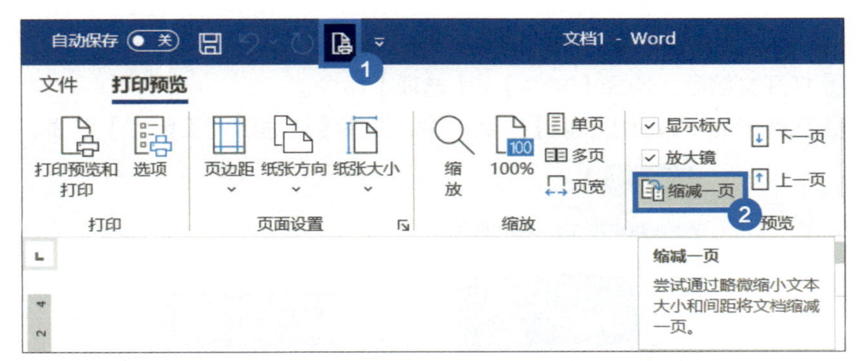

需要注意的是，【缩减一页】功能并不是万能的，软件会根据文档进行尝试，不一定会成功。

04 如何让文档多页逐份打印?

打印一些特殊的文档，如想让第 1 页先打印 5 份，再依次将后续每一页都打印 5 份，如何达到这种效果?

1 打开文档后，选择【文件】-【打印】命令。

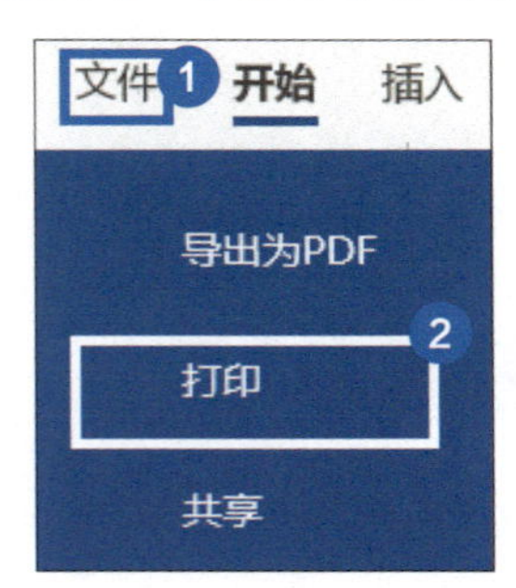

2 在打印窗口右侧，单击【对照】按钮，在弹出的菜单中选择【非对照】命令，设置完【份数】后，单击【打印】按钮即可。

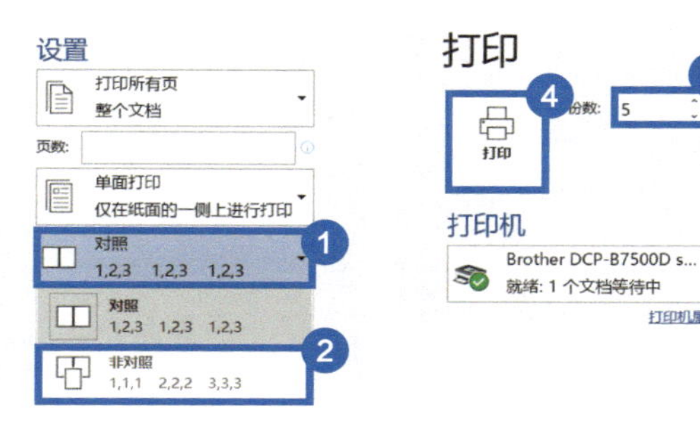

05 明明设置了文档背景图片，但打印的时候却消失了，怎么办?

有时为 Word 文档添加了背景图片，打印后却发现背景图片没打印出来，如何做到把背景图片一起打印出来呢?

1 打开 Word 软件，选择【文件】-【选项】命令。

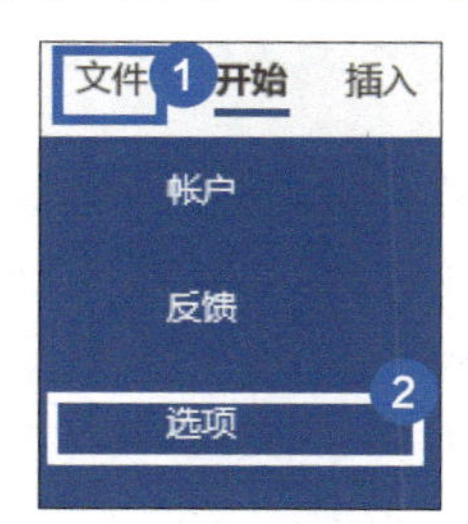

2 在【Word 选项】对话框中，选择【显示】选项，然后在右侧的【打印选项】组中勾选【打印背景色和图像】复选项，单击【确定】按钮。

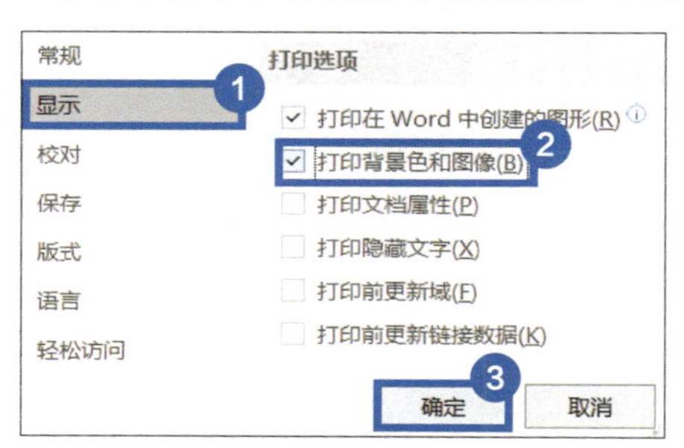

和秋叶一起学

秒懂Word

第12章 Word 高效办公技巧

利用 Word 软件不仅可以完成各种文档的排版，我们还可以借助它自身的功能来批量化完成之前需要花费很多时间手工完成的工作。另外，Word 作为 Microsoft Office 办公套件中的一员，当它和其他 Office 软件互相配合起来，将会化身为生产力工具。学好本章，高效工作早下班指日可待！

扫码回复关键词“秒懂 Word”，下载配套操作视频

12.1 Word 中的批量操作

本节着重介绍利用 Word 的查找替换功能实现批量化清除内容、调整格式及借助 Word 特性完成批量合并提取的功能。

01 如何不用复制、粘贴命令来批量合并多个文档?

我们在制作大型文档的时候，往往需要进行分工合作，但在最后合并多个文档的时候，如何才能不用复制、粘贴快速合并文档呢?

1 在【插入】选项卡的功能区中单击【对象】图标，在弹出的菜单中选择【文件中的文字】命令。

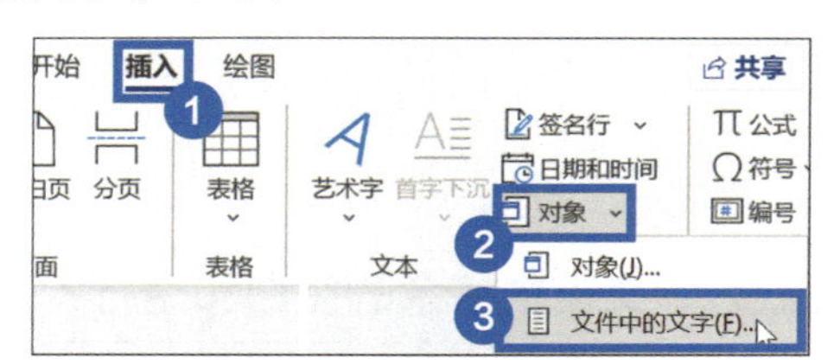

2 在弹出的【插入文件】对话框中找到并按住【Ctrl】键选择所有需要合并的文档，单击右下角的【插入】按钮。

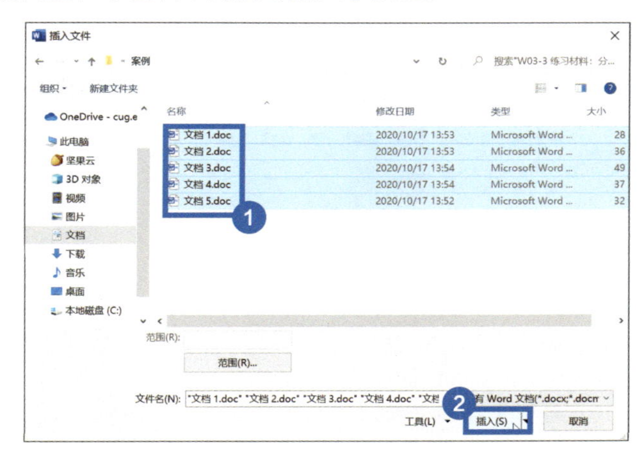

3 若在步骤**2**中，单击【插入】按钮右侧的下拉三角按钮，在菜单中选择【插入为链接】命令，则可以以链接的形式批量插入文档，当插入文档的源文档发生修改并保存后，合并的文档也会随之自动更新。

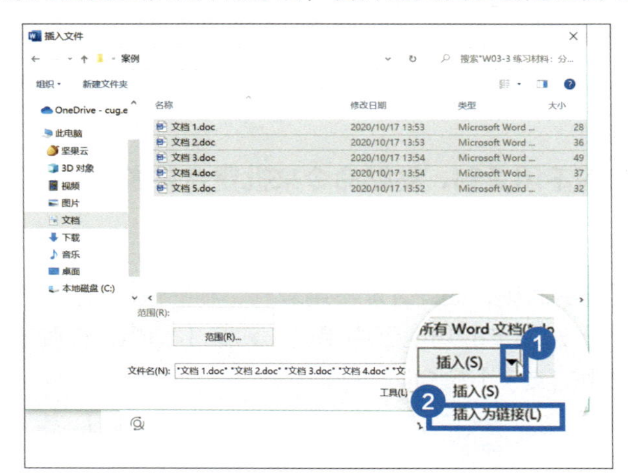

02 如何批量去除文档中多余的空白和空行?

从网页或 PDF 中复制文字时，经常会出现一些莫名其妙的空白和空行，如果一个个地删除，太浪费时间了，那么如何批量去除这些空白和空行呢?

1 使用快捷组合键【Ctrl+H】，打开【查找和替换】对话框。

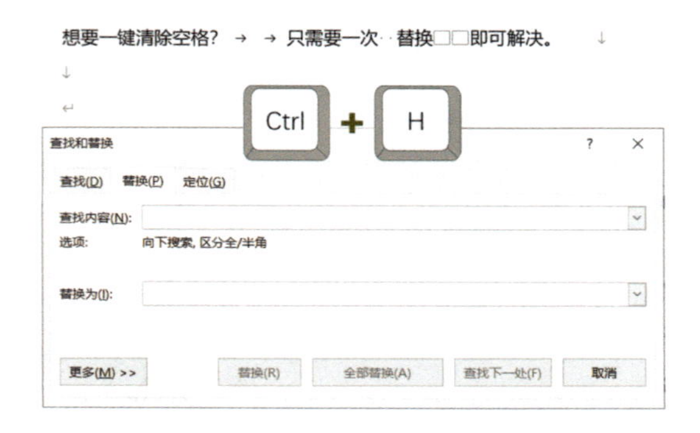

2 在【查找内容】输入框中按【Space（空格）】键输入一个空格，在【替换为】输入框中不输入任何内容，单击【全部替换】按钮即可批量删除空白区域。

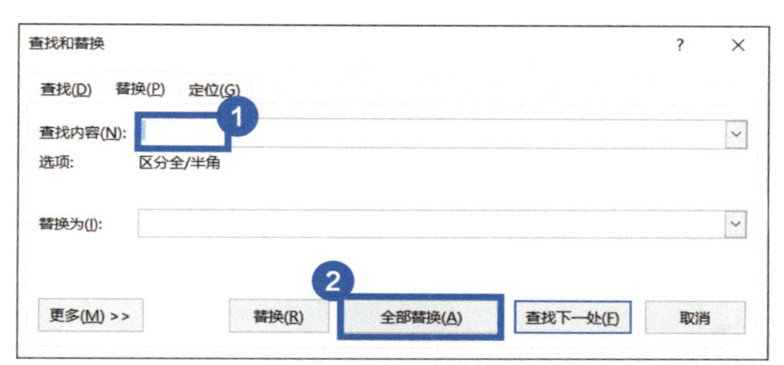

3 在【查找内容】输入框中输入“^l”（手动换行符），在【替换为】输入框中输入“^p”（段落标记），单击【全部替换】按钮即可将所有换行符修改为段落标记。

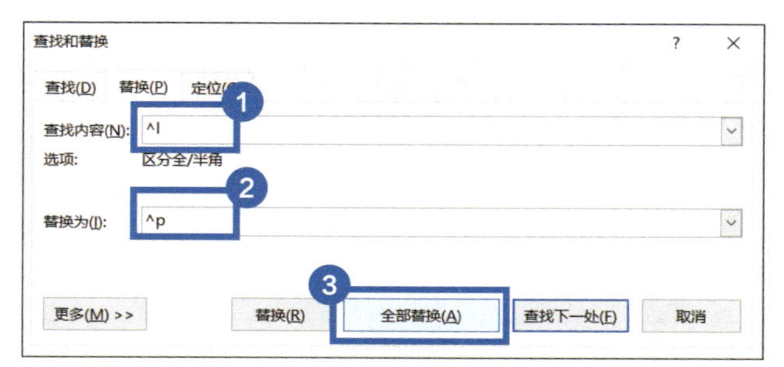

4 在【查找内容】输入框中输入“^p^p”，在【替换为】输入框中输入“^p”，单击【全部替换】按钮多次，直到替换结果显示为 0 处。

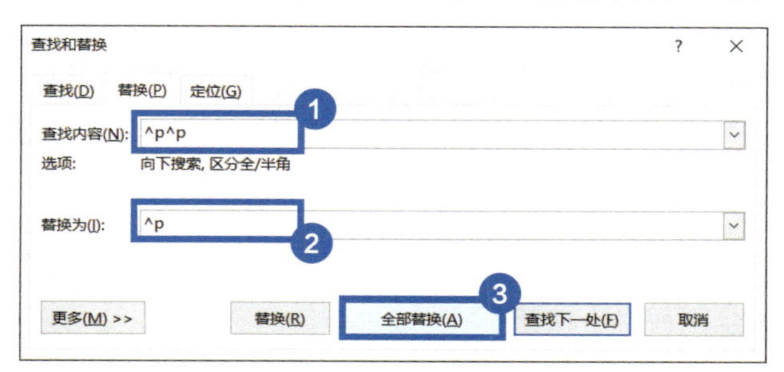

03 如何给文档中的手机号打码?

为了避免信息泄露，需要对大批量的手机号进行打码处理，将中间 4 位数变为 * 号，如何批量完成呢?

1 打开文档，使用快捷组合键【Ctrl+H】，打开【查找和替换】对话框。

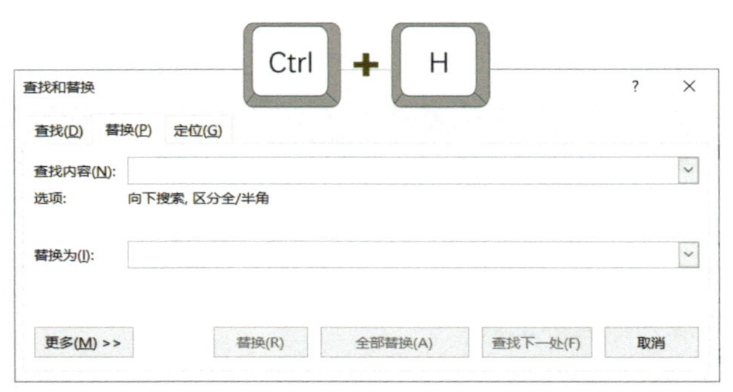

2 在【查找内容】输入框中输入“([0-9]{3})([0-9]{4})([0-9]{4})”，在【替换为】输入框中输入“\1****\3”。

其中“()”代表将查找内容分组，“[0-9]”代表查找数字，“{数字}”代表搜索的数字的字符数，“\1”“\3”分别代表在替换为的结果中引用查找内容中的第 1 组内容和第 3 组内容。

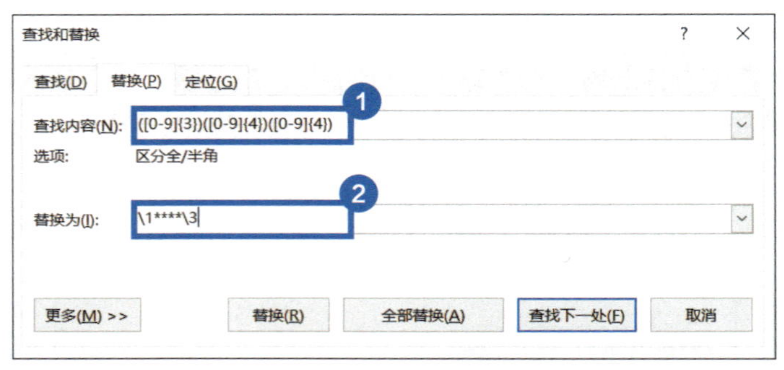

3 单击【更多】按钮，在下方搜索选项中勾选【使用通配符】复选项，然后单击【全部替换】按钮。

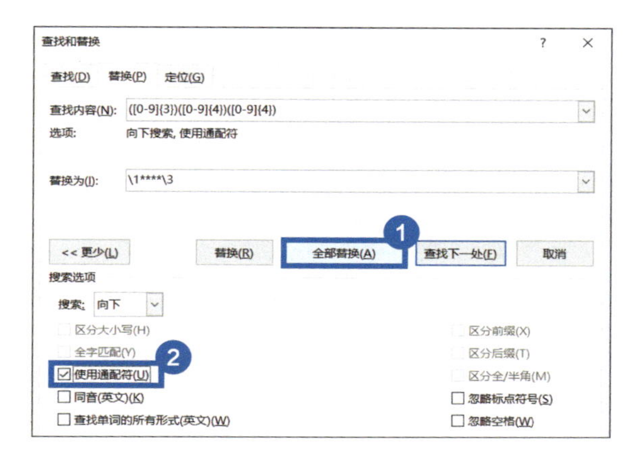

04 如何批量制作填空题下划线?

制作试卷的时候如何快速将答案转变为填空题的下划线呢？一直使用空格加下划线可太麻烦了，其实直接利用替换功能就可以批量实现。

> **注意**
>
> 开始操作前，先确保已将正确答案的文字颜色修改为红色。

1 按快捷组合键【Ctrl+H】打开【查找和替换】对话框，单击【更多】按钮打开完整的对话框。

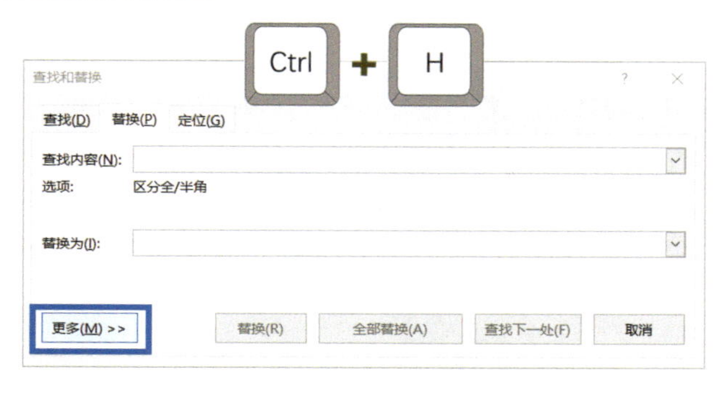

2 将光标定位到【查找内容】输入框中，单击【格式】按钮，选择【字体】选项。

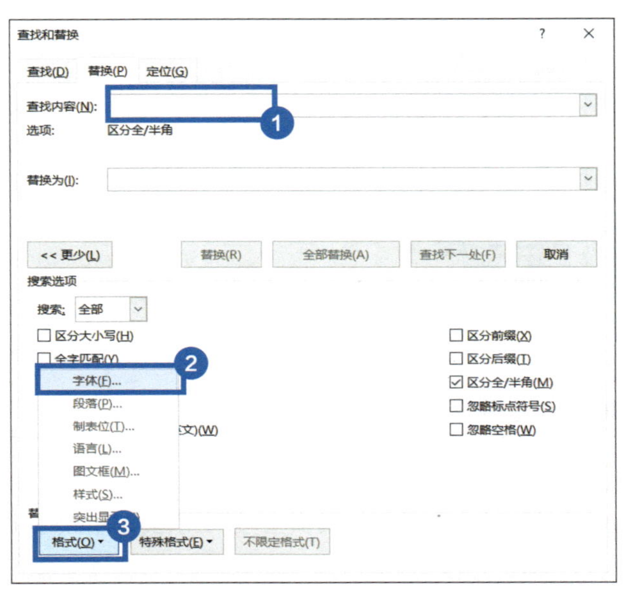

3 在【查找字体】对话框中，将【字体颜色】设置为【红色】，单击【确定】按钮完成格式设置。

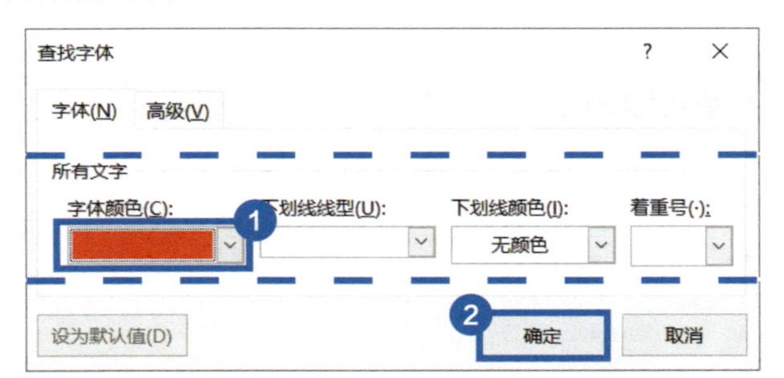

4 将光标定位到【替换为】输入框中，单击【格式】按钮，选择【字体】选项。

5 在【替换字体】对话框中，将【字体颜色】设置为【白色】（和纸张背景色一致的颜色），【下划线线型】设置为【单划线】，【下划线颜色】设置为【黑色】，单击【确定】按钮完成格式设置。

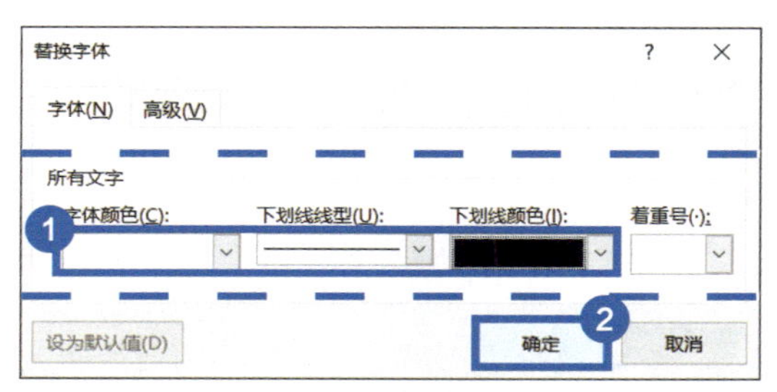

6 单击【全部替换】按钮，即可批量完成填空题下划线的制作。

查找和替换
查找(D) 替换(P) 定位(G)
查找内容(N):
选项: 向下搜索, 区分全/半角
格式: 字体颜色: 红色
替换为(I):
格式: 下划线, 下划线颜色: 文字 1, 字体颜色: 背景 1
<< 更少(L) 替换(R) 全部替换(A) 查找下一处(F) 取消

05 如何批量对齐选择题的选项？

制作试卷的时候离不开选择题选项对齐的问题，如果你还在一个个按空格键进行对齐，一定会觉得非常麻烦吧。其实有一个很简单的方法，可以实现批量对齐选择题中心选项。

1．批量给选项行添加制表位

1 按快捷组合键【Ctrl+H】，打开【查找和替换】对话框，在【查找内容】输入框中输入“A.”。将光标定位到【替换为】输入框中，单击对话框左下角的【更多】按钮，展开更多选项。

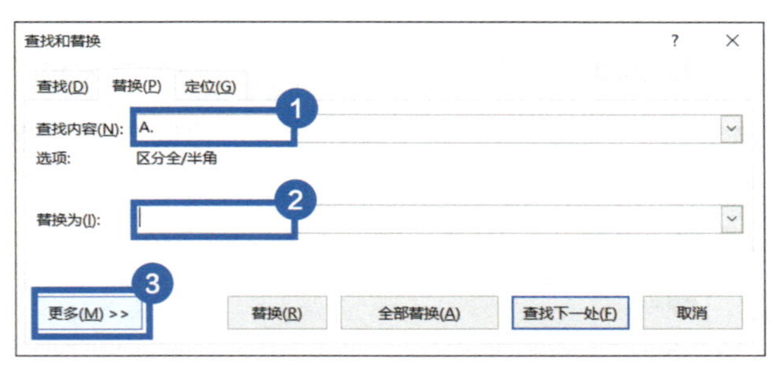

2 单击对话框左下角的【格式】按钮，选择【制表位】选项。

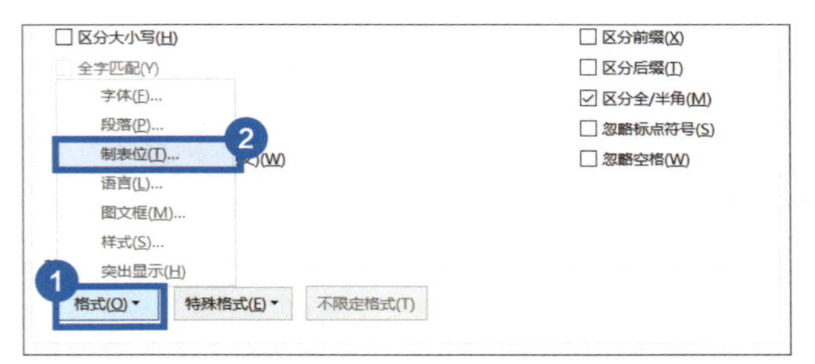

3 在【替换制表符】对话框中的【制表位位置】输入框中输入“10”，单击【设置】按钮，即可在 10 字符处添加一个默认的制表位。

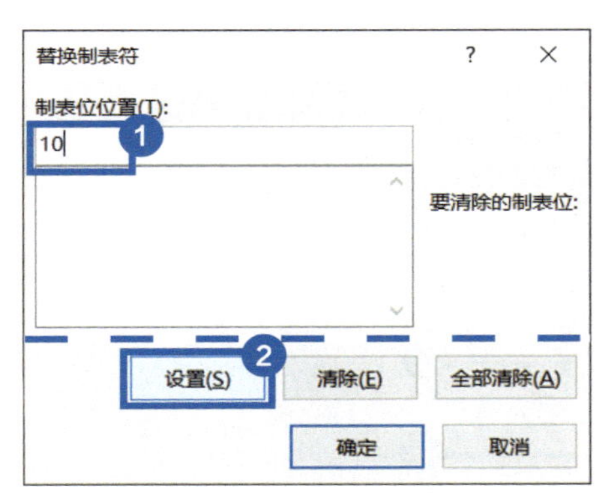

4 重复步骤3，依次设置 20 字符、30 字符处的制表位，然后单击【确定】按钮完成制表位设置。

替换制表符
制表位位置(T):
30 字符
10 字符
20 字符
30 字符
要清除的制表位:
设置(S) 清除(E) 全部清除(A)
确定 取消

5 在【查找和替换】对话框中单击【全部替换】按钮。

查找和替换
查找(D) 替换(P) 定位(G)
查找内容(N): A.
选项: 区分全/半角
格式:
替换为(I):
格式: 制表位: 10 字符, 左对齐, 20 字符, 左对齐, 30 字符, 左对齐
<< 更少(L) 替换(R) 全部替换(A) 查找下一处(F) 取消

此时文档中的所有选项行均被添加上制表位。

2. 批量在 B ~ D 选项前添加制表符

1 在【查找和替换】对话框中将【查找内容】输入框内容改为“[B-D].”，并在【替换为】输入框中输入“^t^&”，其中“^t”代表制表符，“^&”代表查找内容。

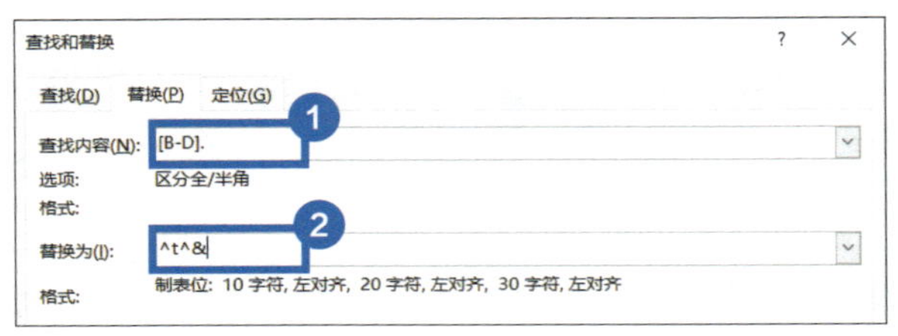

2 在对话框中间的【搜索选项】组中勾选【使用通配符】复选项。

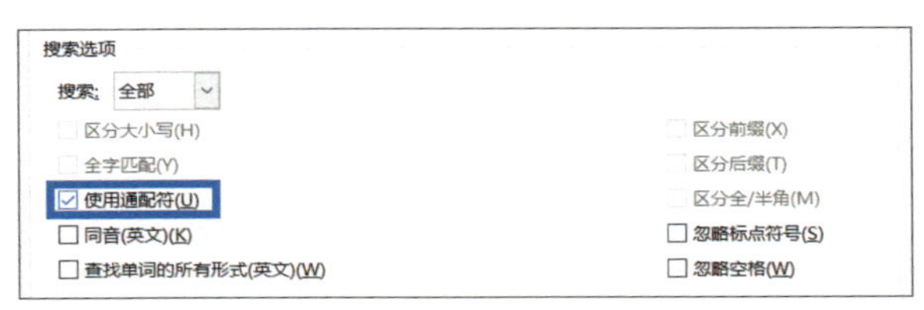

3 最后单击【全部替换】按钮，即可让每一个 B、C、D 选项自动对齐到 10 字符、20 字符、30 字符位置。

06 如何把文档中的图片批量提取出来?

工作中时常会用到文档中的图片，如果一个个复制图片，像素低又麻烦，有没有什么办法可以将Word文档中的所有图片批量提取出来呢?

1 打开 Word 文档，按【F12】键打开【另存为】对话框。

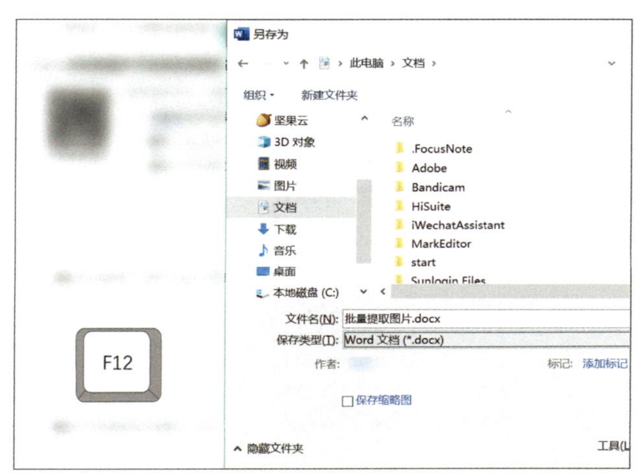

2 将【保存类型】更改为【网页（*.htm;*.html）】类型，单击【保存】按钮。

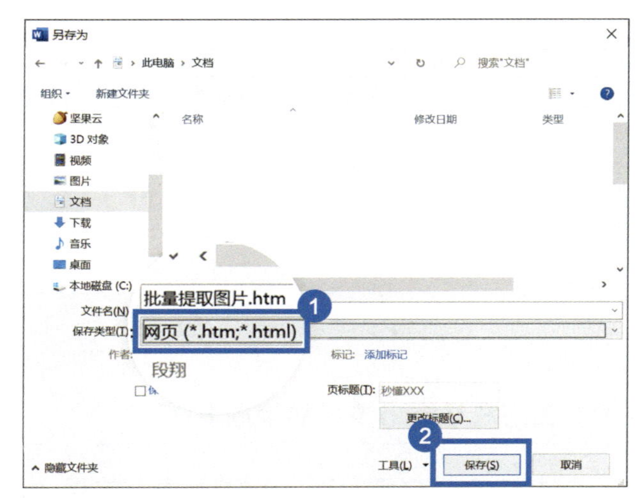

3 此时在保存路径里，我们可以找到一个保存的文件夹，双击打开就可以看到 Word 文档中的所有图片了。

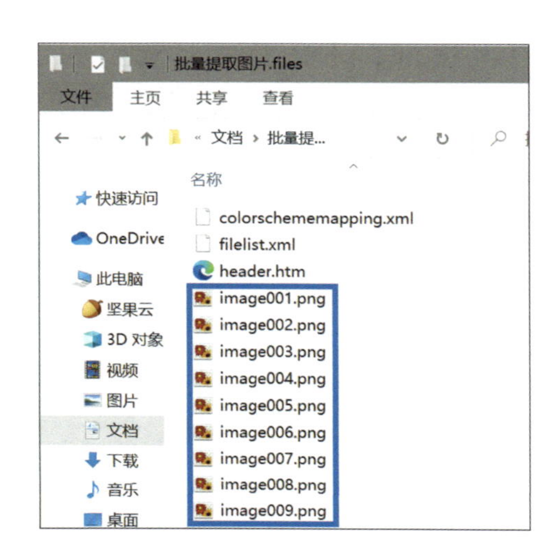

12.2 Office 软件间的协作

Office 办公软件三剑客各司其职，每一个软件单独拿出来都能在办公领域呼风唤雨。其中，Word 专门负责处理文档排版，Excel 专门负责处理表格数据，PowerPoint 专门负责幻灯片的制作与演示。但是当它们两两搭配来使用的时候，还能爆发出更强的战斗力。本节我们就来好好学习一下 Word 与 PowerPoint、Excel 的协作！

01 PPT 如何把 Word 文档转换成 PPT？

做 PPT 的时候是不是总需要将 Word 文档中的文字一点一点粘贴到 PPT 中再调整格式和排版，其实有高效的方法，可以将 Word 文档转换为 PPT。

1 将 Word 文档应用好各级标题的样式。

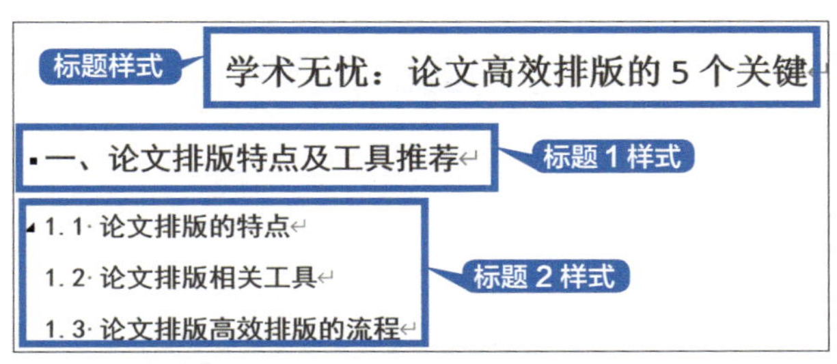

2 在 Word 软件中选择【文件】-【选项】命令。

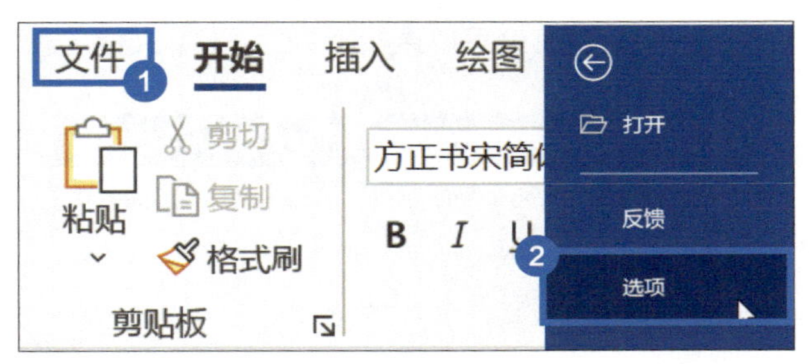

3 在弹出的【Word 选项】对话框中选择【快速访问工具栏】选项，将【从下列位置选择命令】的【常见命令】改为【不在功能区中的命令】。

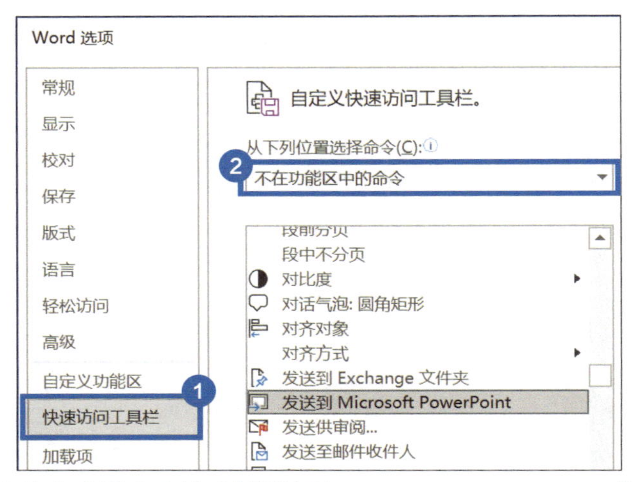

4 在下方的命令列表中选中【发送到 Microsoft PowerPoint】，单击【添加】按钮将其添加到右侧，单击【确定】按钮完成添加操作。

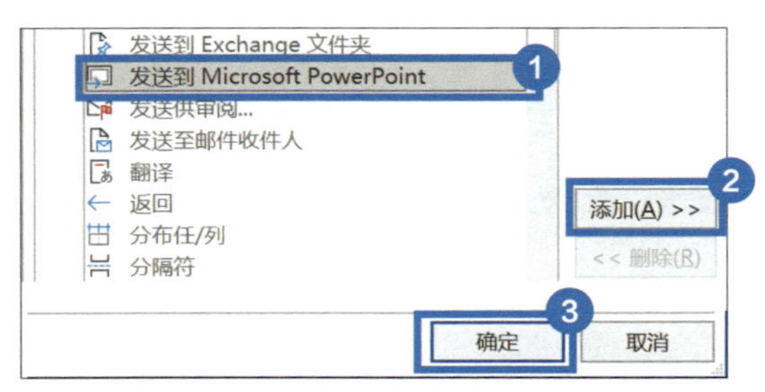

5 单击 Word 快速访问工具栏中的【发送到 Microsoft PowerPoint】图标，Word 文档中的内容就可以直接转换为 PPT 文档了。

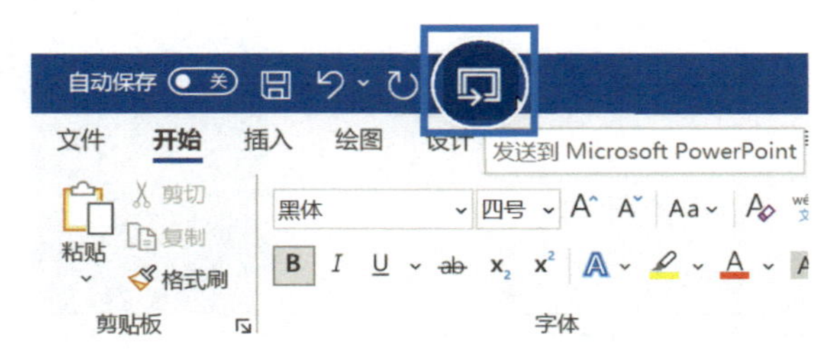

02 如何让 Word 和 Excel 表格中的数据同步更新?

我们在做好一份 Excel 表格，粘贴到 Word 文档中后，一旦 Excel 表格里的数据发生改变，往往需要重新复制再粘贴，有没有办法让 Excel 表格中的数据改变后，Word 文档中的表格数据也同步更新呢?

1 选择 Excel 表格中需要复制的区域，按快捷组合键【Ctrl+C】进行复制。

	A	B	C	D
1	序号	影片名	实时票房（万）	票房占比
2	1	我和我的家乡	4268.6	43%
3	2	姜子牙	1572.9	16%
4	3	一点就到家	1200.8	12%
5	4	夺冠	1107.9	11%
6	5	喜宝	872.6	9%
7	6	急先锋	347.2	3%
8	7	七号房的礼物	223.8	2%
9	8	八佰	142	1%

Ctrl + C

2 在 Word 文档中的目标位置单击鼠标右键，在弹出的菜单中选择【链接与保留源格式】命令。

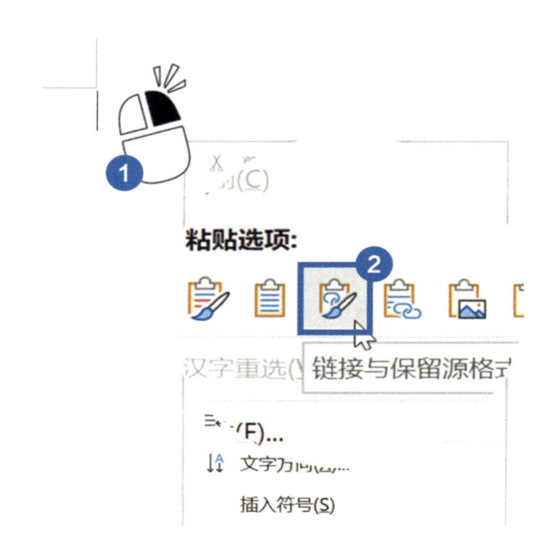

03 如何批量制作活动邀请函?

公司要开年会，需要给大量合作伙伴制作活动邀请函，利用一份邀请函模板和 Excel 名单，该如何批量完成邀请函制作呢?

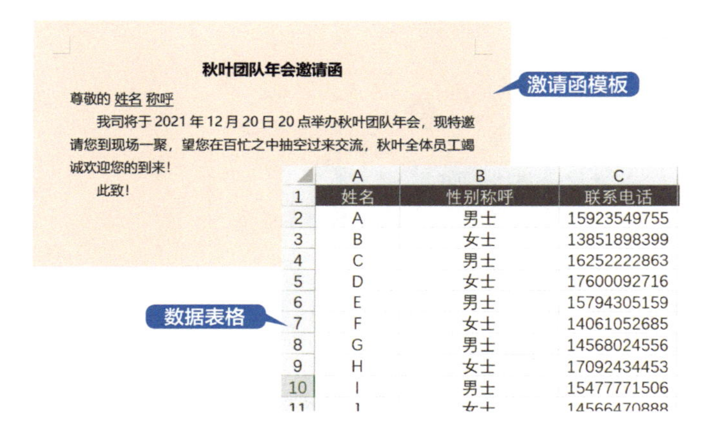

秋叶团队年会邀请函

尊敬的 姓名 称呼

我司将于 2021 年 12 月 20 日 20 点举办秋叶团队年会，现特邀请您到现场一聚，望您在百忙之中抽空过来交流，秋叶全体员工竭诚欢迎您的到来!

此致!

	A	B	C
1	姓名	性别称呼	联系电话
2	A	男士	15923549755
3	B	女士	13851898399
4	C	男士	16252222863
5	D	女士	17600092716
6	E	男士	15794305159
7	F	女士	14061052685
8	G	男士	14568024556
9	H	女士	17092434453
10	I	男士	15477771506
11	J	女士	14566470888

1 打开邀请函 Word 模板，在【邮件】选项卡的功能区中单击【选择收件人】图标，在弹出的菜单中选择【使用现有列表】命令。

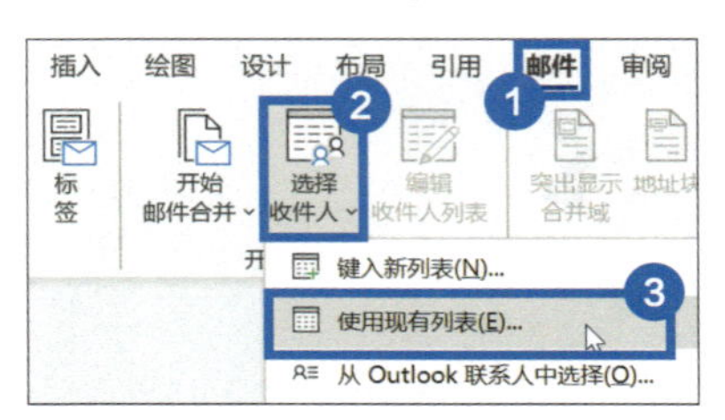

2 在【选择数据源】对话框中找到并打开名单数据表格，在弹出的【选择表格】对话框中选中名单所在的【客户联系表】工作表，单击【确定】按钮。

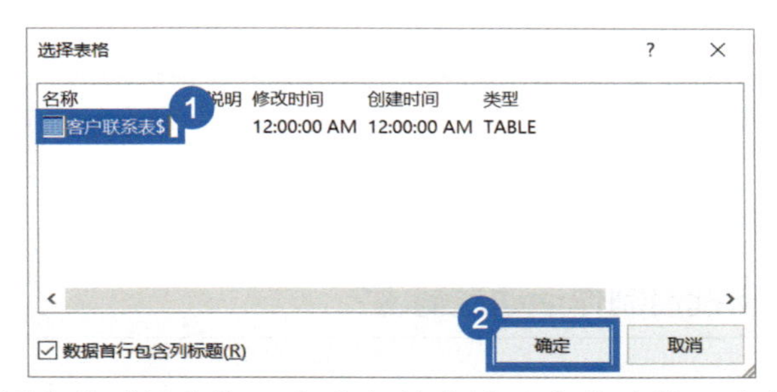

3 选中模板中的“姓名”，在【邮件】选项卡的功能区中单击【插入合并域】图标，在弹出的菜单中选择【姓名】命令，此时“姓名”将会变为“《姓名》”。

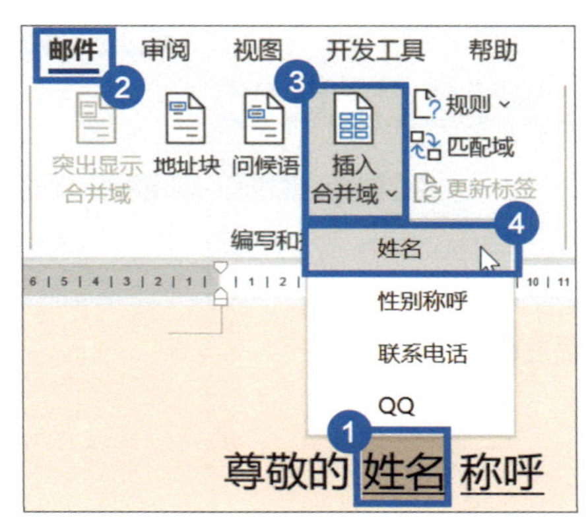

4 选中模板中的“称呼”，在【邮件】选项卡的功能区中单击【插入合并域】图标，在弹出的菜单中选择【性别称呼】命令，此时“称呼”将变为“《性别称呼》”。

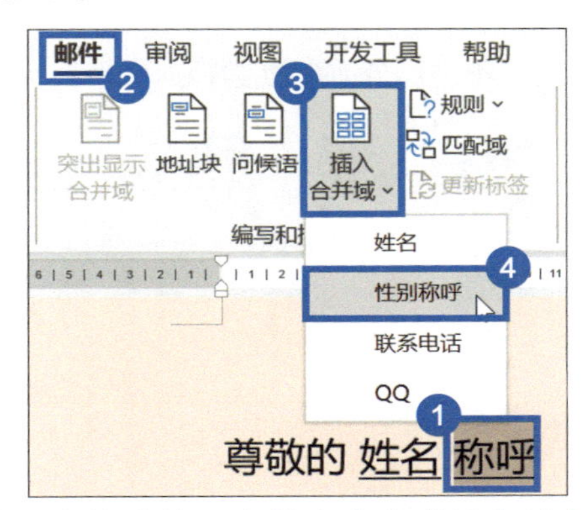

5 在【邮件】选项卡的功能区中单击【完成并合并】图标，在弹出的菜单中选择【编辑单个文档】命令。

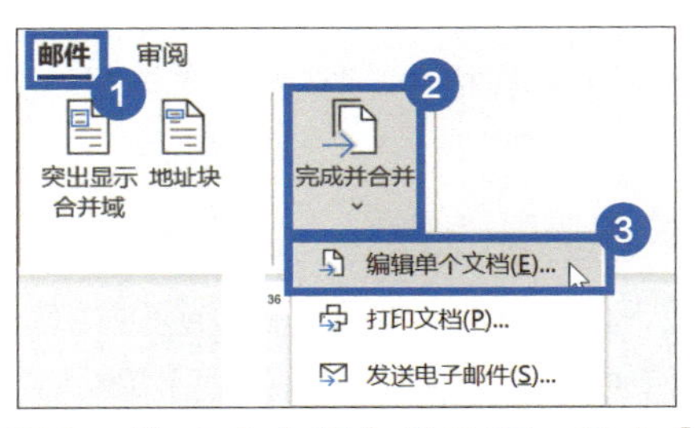

6 在弹出的对话框中，选中【全部】单选项，单击【确定】按钮，即可得到邀请函文档。

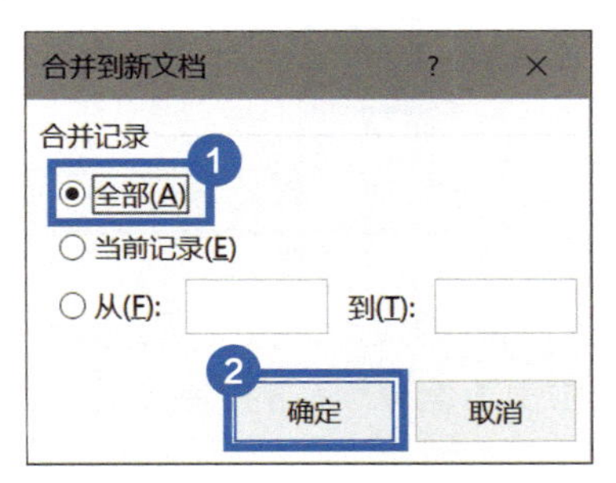

04 如何批量制作员工证？

上一个技巧大家应该已经知道了如何批量制作邀请函，其实制作员工证也是一样的原理，不过额外需要批量插入图片，这该怎么完成呢？

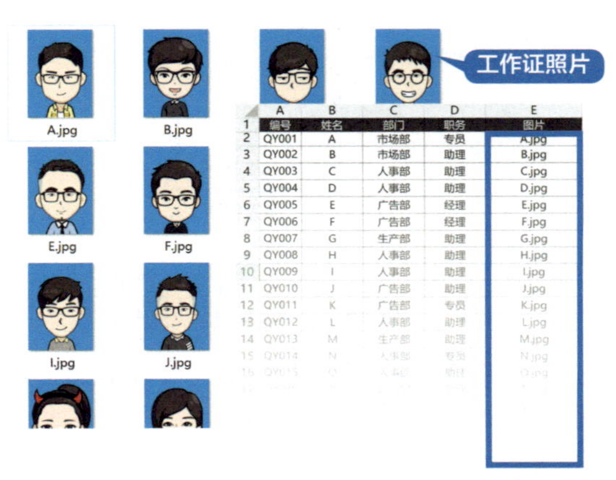

前提要保证员工数据表格中，图片名称与文件夹里的照片文件名一致。

1. 批量插入文字信息

1 打开工作证模板，在【邮件】选项卡的功能区中单击【选择收件人】图标，在弹出的菜单中选择【使用现有列表】命令。

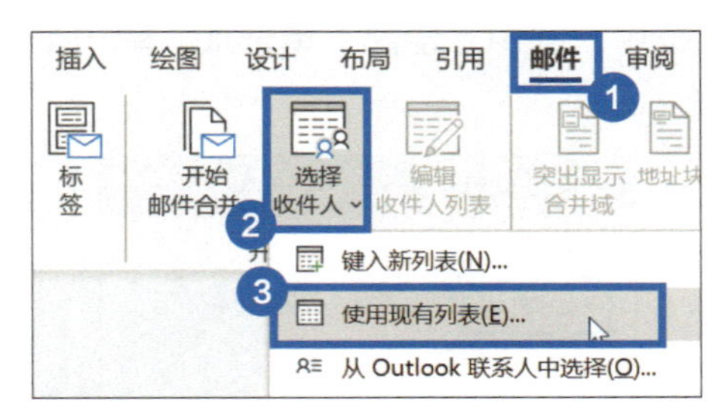

2 在【选择数据源】对话框中找到并打开员工数据表格，在弹出的【选择表格】对话框中选中员工信息所在的【名单】工作表，单击【确定】按钮。

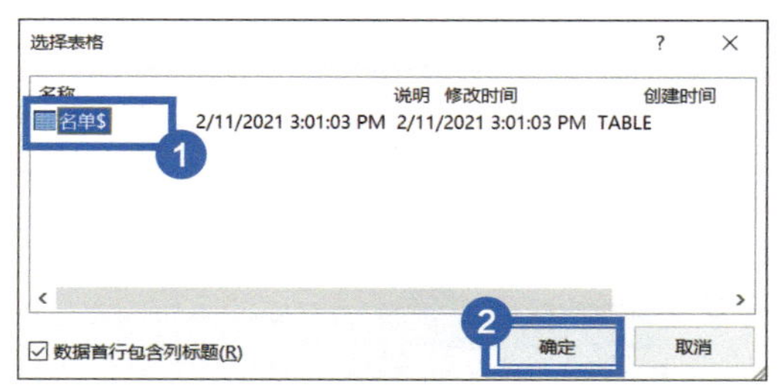

3 将光标定位到工作证模板中对应的单元格中，在【邮件】选项卡的功能区中单击【插入合并域】图标，在弹出的菜单中选择相应命令，完成“姓名”“部门”“职务”“编号”等文字信息的合并域插入。

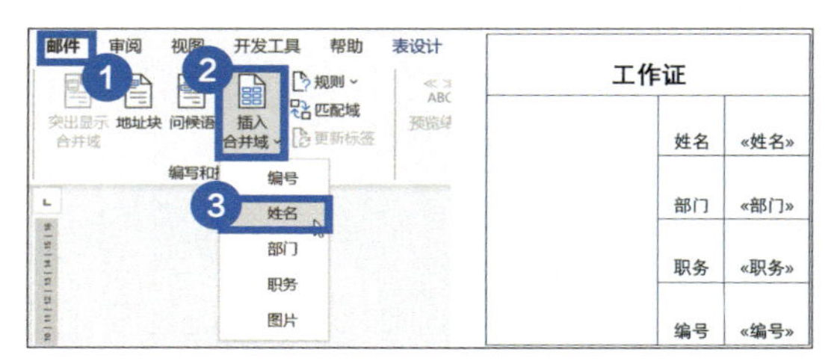

2. 批量插入工作证照片

1 将光标定位到工作证模板中照片的单元格中，在【插入】选项卡的功能区中单击【文档部件】图标，在弹出菜单中选择【域】命令。

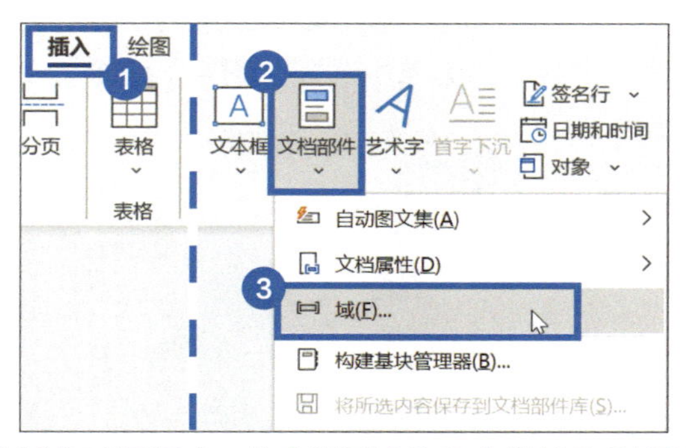

2 在弹出的【域】对话框中，将【类别】改为【链接和引用】，在【域名】中选中【IncludePicture】，并在右侧的【文件名或 URL】中输入“占位”，单击【确定】按钮后模板中会出现一个“红叉”图像。

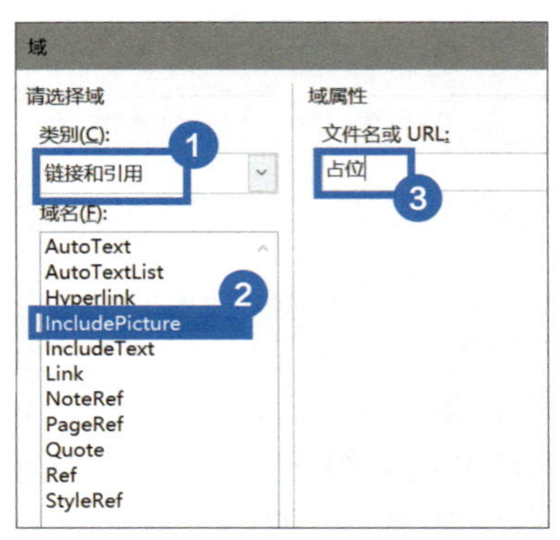

3 按快捷组合键【Alt+F9】，将该“红叉”图像切换为显示域代码形式。

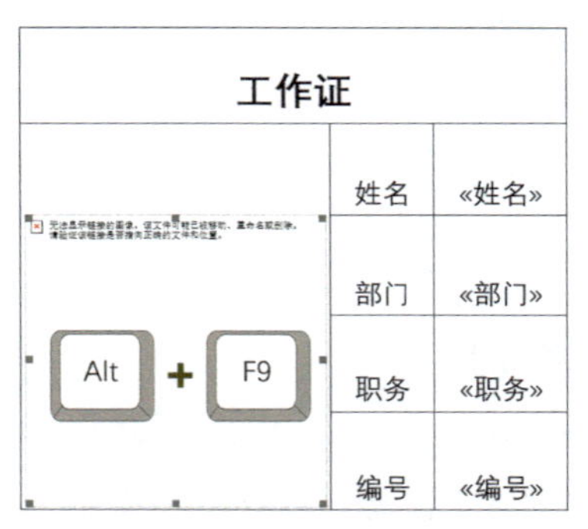

4 选中代码中的“占位”两字，在【邮件】选项卡的功能区中单击【插入合并域】图标，在弹出的菜单中选择【图片】命令。

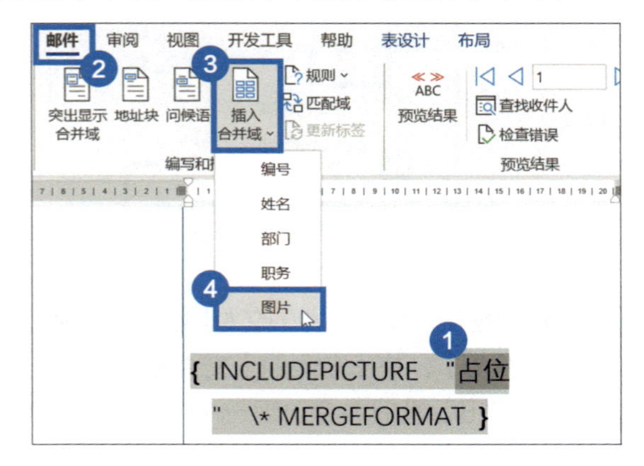

5 按快捷组合键【Alt+F9】，切换为显示域结果形式。

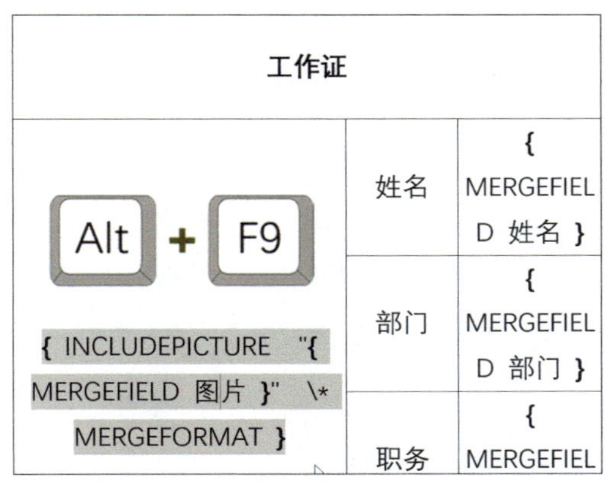

6 在【邮件】选项卡的功能区中单击【完成并合并】图标，在弹出的菜单中选择【编辑单个文档】命令。

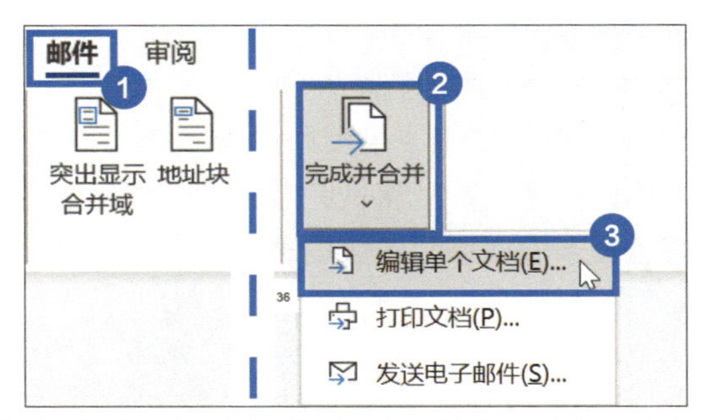

7 在弹出的【合并到新文档】对话框中，选中【全部】单选项，单击【确定】按钮。

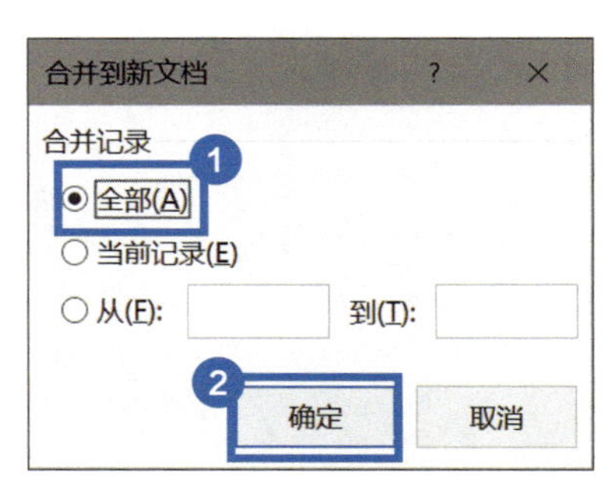

8 将新生成的文档另存到员工图片所在的文件夹中，按快捷组合键【Ctrl+A】，再按【F9】键，即可看到完成了所有员工图片的插入。

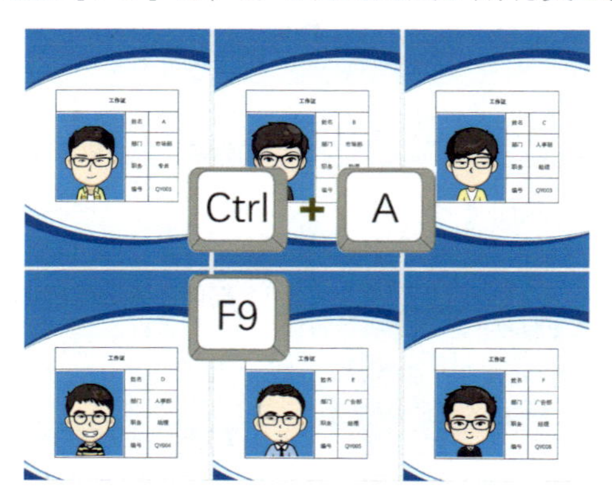

05 如何批量制作工资条?

每个月的工资表都要打印成工资条分发下去，如果一份一份地复制、粘贴，太浪费时间了，能批量地完成吗？下面来看看操作步骤。

首先准备好工资条模板和工资数据表。

工资条模板

工号	姓名	基础工资	效益工资	职务工资	扣假/欠班	应发工资

工资数据表

	A	B	C	D	E	F	G
1	工号	姓名	基础工资	效益工资	职务工资	扣假/欠班	应发工资
2	1	A	12000	12500	0	0.0	24500.0
3	2	B	9050	11000	0	0.0	20050.0
4	3	C	4800	5100	0	0.0	9900.0
5	4	D	4400	5200	0	0.0	9600.0
6	5	E	5000	6000	0	0.0	11000.0
7	6	F	4400	5800	0	0.0	10200.0
8	7	G	5200	5500	0	0.0	10700.0
9	8	H	1000	1370	0	0.0	2370.0
10	9	I	400	480	0	0.0	880.0
11	10	J	880	1080	0	0.0	1960.0
12	11	K	900	1100	0	0.0	2000.0
13	12	L	570	690	0	0.0	1260.0
14	13	M	540	660	0	0.0	1200.0
15	14	N	480	580	0	0.0	1060.0

1 打开工资条模板，在【邮件】选项卡的功能区中单击【选择收件人】图标，在弹出的菜单中选择【使用现有列表】命令。

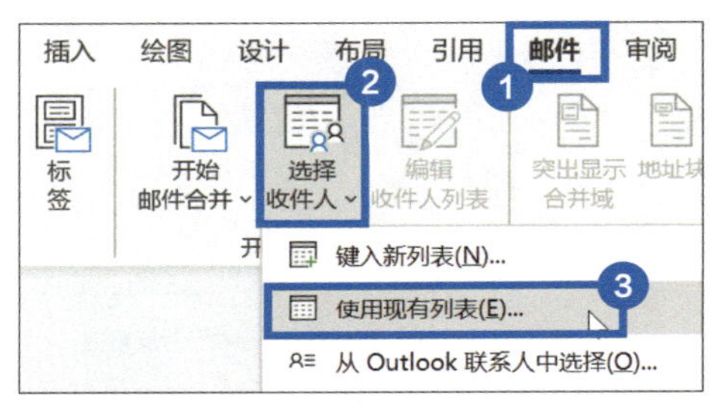

2 在【选择数据源】对话框中找到并打开工资数据表，在弹出的【选择表格】对话框中选中工资所在的【1 月份工资明细】工作表，单击【确定】按钮。

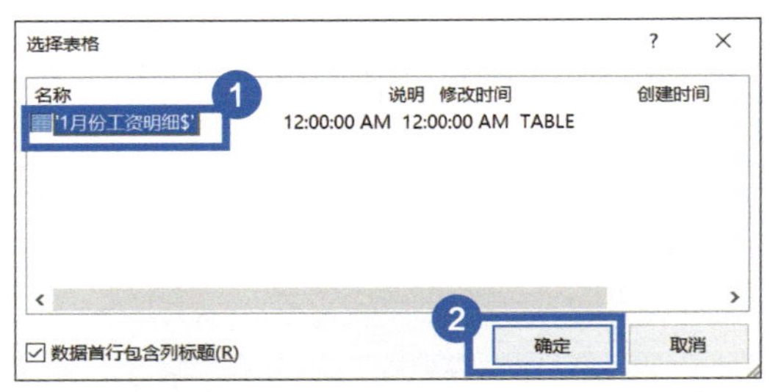

3 将光标定位到工资条模板中对应的单元格中，在【邮件】选项卡的功能区中单击【插入合并域】图标，在弹出的菜单中选择相应命令，完成“工号”“姓名”“基础工资”“效益工资”等信息的合并域插入。

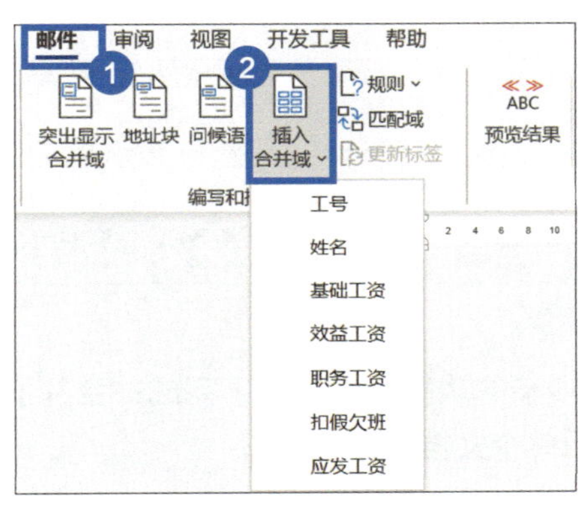

4 在【邮件】选项卡的功能区中单击【规则】图标，在弹出的菜单中选择【下一记录】命令。

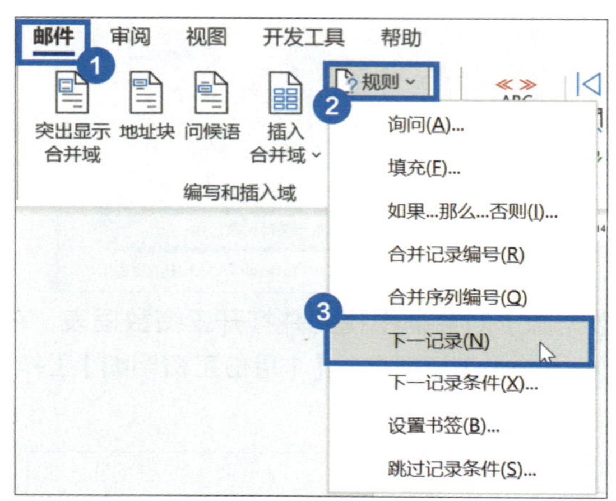

5 选中工资条表格和“下一记录”规则，复制、粘贴到页面底端，然后删除最后一个“下一记录”。

工号	姓名	基础工资	效益工资	职务工资	扣假/欠班	应发工资
«工号»	«姓名»	«基础工资»	«效益工资»	«职务工资»	«扣假欠班»	«应发工资»

«下一记录»

工号	姓名	基础工资	效益工资	职务工资	扣假/欠班	应发工资
«工号»	«姓名»	«基础工资»	«效益工资»	«职务工资»	«扣假欠班»	«应发工资»

«下一记录»

工号	姓名	基础工资	效益工资	职务工资	扣假/欠班	应发工资
«工号»	«姓名»	«基础工资»	«效益工资»	«职务工资»	«扣假欠班»	«应发工资»

«下一记录»

工号	姓名	基础工资	效益工资	职务工资	扣假/欠班	应发工资
«工号»	«姓名»	«基础工资»	«效益工资»	«职务工资»	«扣假欠班»	«应发工资»

«下一记录»

工号	姓名	基础工资	效益工资	职务工资	扣假/欠班	应发工资
«工号»	«姓名»	«基础工资»	«效益工资»	«职务工资»	«扣假欠班»	«应发工资»

«下一记录»

工号	姓名	基础工资	效益工资	职务工资	扣假/欠班	应发工资
«工号»	«姓名»	«基础工资»	«效益工资»	«职务工资»	«扣假欠班»	«应发工资»

工号		基础工资	效益工资	职务工资	扣假/欠班	应发工资
		«基础工资»	«效益工资»	«职务工资»	«扣假欠班»	«应发工资»

6 在【邮件】选项卡的功能区中单击【完成并合并】图标，在弹出的菜单中选择【编辑单个文档】命令。

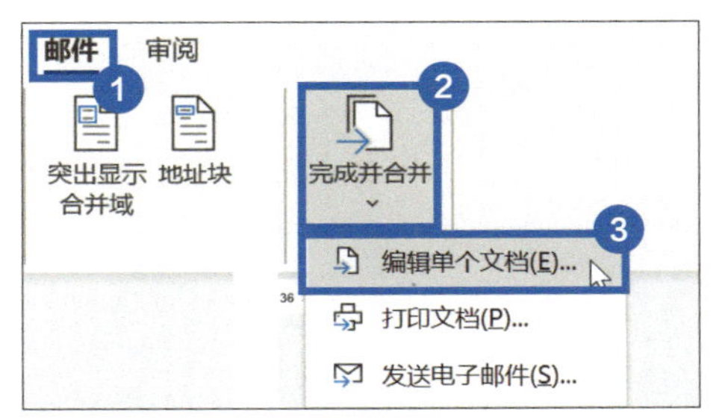

7 在弹出的【合并到新文档】对话框中，选中【全部】单选项，单击【确定】按钮，即可批量完成工资条的制作。

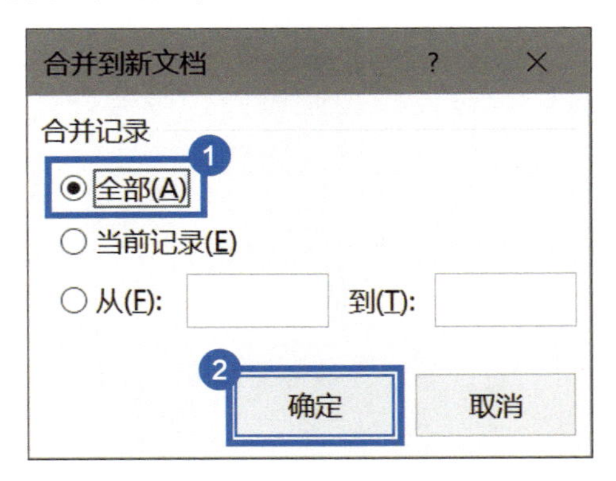